11—006 职业技能鉴定指导书

职业标准·试题库

卸储煤设备检修

（第二版）

电力行业职业技能鉴定指导中心　编

电力工程　燃料运行与检修专业

U0323694

中国电力出版社

www.cepp.com.cn

内 容 提 要

　　本《指导书》是按照劳动和社会保障部制定国家职业标准的要求编写的，其内容主要由职业概况、职业技能培训、职业技能鉴定和鉴定试题库四部分组成，分别对技术等级、工作环境和职业能力特征进行了定性描述；对培训期限、教师、场地设备及培训计划大纲进行了指导性规定。本《指导书》自1999年出版后，对行业内职业技能培训和鉴定工作起到了积极的作用，本书在原《指导书》的基础上进行了修编，补充了内容，修正了错误。

　　试题库是根据《中华人民共和国国家职业标准》和针对本职业（工种）的工作特点，选编了具有典型性、代表性的理论知识（含技能笔试）试题和技能操作试题，还编制有试卷样例和组卷方案。

　　《指导书》是职业技能培训和技能鉴定考核命题的依据，可供劳动人事管理人员、职业技能培训及考评人员使用，亦可供电力（水电）类职业技术学校和企业职业学习参考。

图书在版编目（CIP）数据

　　卸储煤设备检修：11-006 / 电力行业职业技能鉴定指导中心编. —2版. —北京：中国电力出版社，2010.5（2020.4 重印）

　　（职业技能鉴定指导书. 职业标准试题库）

　　ISBN 978-7-5123-0065-1

　　Ⅰ. ①卸… Ⅱ. ①电… Ⅲ. ①卸煤机–检修–职业技能鉴定–习题 Ⅳ. ①TH244.07-44

　　中国版本图书馆 CIP 数据核字（2010）第 015666 号

中国电力出版社出版、发行

（北京市东城区北京站西街 19 号 100005　http://www.cepp.com.cn）

三河市百盛印装有限公司印刷

各地新华书店经售

*

2002 年 3 月第一版

2010 年 5 月第二版　　2020 年 4 月北京第八次印刷

850 毫米×1168 毫米　　32 开本　8.25 印张　207 千字

印数 16001—17000 册　　定价27.00 元

电力职业技能鉴定题库建设工作委员会

主　任　徐玉华

副主任　方国元　　王新新　　史瑞家　　杨俊平

　　　　　陈乃灼　　江炳思　　李治明　　李燕明

　　　　　程加新

办公室　石宝胜　　徐纯毅

委　员（按姓氏笔画为序）

马建军	马振华	马海福	王　玉
王中奥	王向阳	王应永	丘佛田
吕光全	朱兴林	刘树林	许佐龙
杨　威	杨文林	杨好忠	杨耀福
李　杰	李生权	李宝英	吴剑鸣
张　平	张龙钦	张彩芳	陈国宏
季　安	金昌榕	南昌毅	倪　春
徐　林	奚　珣	高　琦	高应云
章国顺	谌家良	董双武	景　敏
焦银凯	路俊海	熊国强	

第一版编审人员

编写人员　李居安

审定人员　汪永升　余邦福　马伟良

第二版编审人员

编写人员（修订人员）

　　　　　夏安刚　毕思生　王治伟

审定人员　陈宝国　陈雪民　方　明

　　　　　谷元富

说　明

为适应开展电力职业技能培训和实施技能鉴定工作的需要，按照劳动和社会保障部关于制定国家职业标准，加强职业培训教材建设和技能鉴定试题库建设的要求，电力行业职业技能鉴定指导中心统一组织编写了电力职业技能鉴定指导书（以下简称《指导书》）。

《指导书》以电力行业特有工种目录各自成册，于1999年陆续出版发行。

《指导书》的出版是一项系统工程，对行业内开展技能培训和鉴定工作起到了积极作用。由于当时历史条件和编写力量所限，《指导书》中的内容已不能适应目前培训和鉴定工作的新要求，因此，电力行业职业技能鉴定指导中心决定对《指导书》进行全面修编，在各网省电力（电网）公司、发电集团和水电工程单位的大力支持下，补充内容，修正错误，使之体现时代特色和要求。

《指导书》主要由职业概况、职业技能培训、职业技能鉴定和鉴定试题库四部分内容组成。其中，职业概况包括职业名称、职业定义、职业道德、文化程度、职业等级、职业环境条件、职业能力特征等内容；职业技能培训包括对不同等级的培训期限要求，对培训指导教师的经历、任职条件、资格要求，对培训场地设备条件的要求和培训计划大纲、培训重点、难点以及对学习单元的设计等；职业技能鉴定的依据是《中华人民共和国国家职业标准》，其具体内容不再在本书中重复；鉴定试题库是根据《中华人民共和国国家职业标准》所规定的范围和内容，以实际技能操作为主线，按照选择题、判断题、简答题、计算题、绘图题和论述题六种题型进行选题，并以难易程度组合排列，同时汇集了大量电力生产建设过程中具有普遍代表性和典型性的实际操作试题，构成了各工种的技能鉴定试题库。试题库的深度、广度涵盖了本职业技能鉴定的全部内容。题库之后还附有试卷样例和组卷方案，为实施鉴定命题提供依据。

《指导书》力图实现以下几项功能：劳动人事管理人员可根据《指导书》进行职业介绍，就业咨询服务；培训教学人员可按照《指导书》中的培训大纲组织教学；学员和职工可根据《指导书》要求，制订自学计划，确立发展目标，走自学成才之路。《指导书》对加强职工队伍培养，提高队伍素质，保证职业技能鉴定质量将起到重要作用。

本次修编的《指导书》仍会有不足之处，敬请各使用单位和有关人员及时提出宝贵意见。

电力行业职业技能鉴定指导中心
2008 年 6 月

目 录

1 ▼ 职业概况

1.1 职业名称

卸储煤设备检修（11—006）。

1.2 职业定义

专门从事卸储煤设备检修工作的人员。

1.3 职业道德

爱岗敬业，刻苦钻研技术，遵章守纪，爱护工具、设备，安全、文明生产，诚实、团结协作，艰苦朴素，尊师爱徒。

1.4 文化程度

技工学校、职业学校毕（结）业。

1.5 职业等级

本职业按照国家职业资格的规定，设为初级（国家五级）、中级（国家四级）、高级（国家三级）、技师（国家二级）、高级技师（国家一级）五个技术等级。

1.6 职业环境条件

室内外作业，有一定的粉尘与噪声。

1.7 职业能力特征

能够利用眼看、耳听、鼻嗅、手摸，分析、判断卸储煤设备异常情况，并能正确处理；有理解和应用技术文件的能力，有用精练语言进行联系、交流工作的能力，有一定的数学计算能力和一定的识绘图能力。

2 职业技能培训

2.1 培训期限

2.1.1 初级工：累计不少于 500 标准学时。

2.1.2 中级工：在取得初级职业资格的基础上累计不少于 400 标准学时。

2.1.3 高级工：在取得中级职业资格的基础上累计不少于 400 标准学时。

2.1.4 技师：在取得高级职业资格的基础上累计不少于 500 标准学时。

2.1.5 高级技师：在取得技师职业资格的基础上累计不少于 500 标准学时。

2.2 培训教师资格

2.2.1 具有中级以上专业技术职称的工程技术人员和技师可担任初、中级工培训教师。

2.2.2 具有高级专业技术职称的工程技术人员和高级技师可担任高级工、技师、高级技师的培训教师。

2.3 培训场地设备

2.3.1 具备本职业（工种）基础知识培训的教室和教学设备。

2.3.2 具有基本技能训练的实习场所及实际操作、训练设备。

2.3.3 本厂生产现场实际设备。

2.4 培训项目

2.4.1 培训目的：通过培训达到《职业技能鉴定规范》对本职

业的知识和技能要求。

2.4.2 培训方式：以自学为主，脱产学习为辅，自学和脱产学习相结合的方式，进行基础知识讲课和技能训练。

2.4.3 培训重点：

（1）基础知识：

1）机制制图知识；

2）机械基础知识；

3）钳工基础知识。

（2）专业知识：

1）卸储煤设备原理、结构、技术参数、检修工艺、安装工艺等；

2）卸储煤主要设备的拆、装、检查、验收知识；

3）卸储煤设备检修规程。

（3）基本技能：

1）能看懂卸储煤机械设备系统图、零件图、装配图；

2）掌握钳工操作的一般技能；

3）能够参与检修项目的管理。

（4）专门技能：

1）能够正确拆、装卸储煤设备的待检修部件；

2）能够正确分析、判断、处理卸储煤设备的机械故障；

3）能够做到对卸储煤设备进行验收、评级。

2.5 培训大纲

本职业技能培训大纲，以模块组合（MES）—模块（MU）—学习单元（LE）的结构模式进行编写，其学习目标及内容见表1，职业技能模块及学习单元对照选择表见表2，学习单元名称见表3。

表1			卸储煤设备检修培训大纲		
模块序号及名称	单元序号及名称	学习目标	学习内容	学习方式	参考学时
MU1 卸储煤设备检修职业道德	LE1 卸储煤设备检修职业道德	通过本单元学习，了解卸储煤设备检修职业道德规范，并能自觉遵守行为规范准则	1. 热爱祖国，热爱本职工作 2. 刻苦学习，钻研技术 3. 爱护设备、工具 4. 团结协作 5. 遵章守纪，安全文明 6. 尊师爱徒，爱岗敬业 7. 电力法规的内容	自学	2
MU2 电力生产过程	LE2 电力生产过程	通过本单元学习，了解、掌握电力生产过程及其原理，使之更好地为生产服务	1. 了解电力生产全过程 2. 了解发电的全过程及能量转换原理 3. 掌握燃料系统的生产过程	自学	2
MU3 安全知识	LE3 安全生产法规教育	通过本单元学习，能够掌握安全生产法规内容，自觉遵守安全生产法规	学习有关电力法规内容	自学	0.5
	LE4 电业安全工作规程、规定等	通过本单元学习，了解、掌握电业安全知识，使之更好地为生产服务，保证安全	学习《电业安全工作规程》	自学	1
	LE5 电气及一般安全用电	通过本单元学习，了解、掌握一般安全用电知识，促进安全生产	学习《安全用电知识》	讲课	0.5
	LE6 安全防火	通过本单元学习，了解、掌握一般火灾危险性，并掌握扑救火灾初期的方法	1. 火灾原因 2. 火灾危险性 3. 预防办法 4. 防火器材使用及保管 5. 火灾初期的扑救方法	讲课	1
	LE7 急救知识	通过本单元学习，掌握一般急救方法	1. 包扎、搬抬技术 2. 心肺复苏救护法	讲解	1

模块序号及名称	单元序号及名称	学习目标	学习内容	学习方式	参考学时
MU4 基础知识	LE8 机械制图	通过本单元学习，了解、掌握一定的绘图工具、仪器。可绘制一般零件图，掌握一般装配图	1. 国家标准 2. 工具、仪器使用 3. 三视图及投影规律 4. 零件图 5. 装配图	讲课	10
	LE9 机械基础知识	通过本单元学习，了解、掌握机械联接传动及轴、轴承等部件的运转方式、结构特点等	1. 连接、焊接、铆接 2. 皮带传动、齿轮传动 3. 蜗轮、蜗杆传动 4. 链传动 5. 轴、轴承 6. 联轴器、制动器 7. 减速器	讲课	14
	LE15 常用材料力学	通过本单元学习，了解构件受力、变形规律	1. 拉伸和压缩 2. 剪切 3. 扭转 4. 弯曲	讲课	10
	LE16 液压传动	通过本单元学习，了解、掌握液压传动原理、系统组成及流体力学知识；掌握常用液压元件回路	1. 液压传动原理 2. 液压系统组成 3. 流体力学 4. 液压元件、回路	讲课	12
	LE17 钳工基础	通过本单元学习，了解、掌握钳工基本知识和技能	1. 钳工常用设备、工具 2. 钳工安全技术 3. 量具 4. 划线 5. 錾削、锉削 6. 锯割、钻孔 7. 钻孔、锪铰孔 8. 攻丝、套扣 9. 铆接、刮削	讲课	14

模块序号及名称	单元序号及名称	学习目标	学习内容	学习方式	参考学时
MU5 相关基础知识	LE10 起重一般知识	通过本单元学习，了解、掌握一定的起重知识，并能完成一般的起重工作	1. 受力分析 2. 起重工具 3. 绳子的技术参数、安全系数	讲课	2
	LE11 电、火焊一般知识	通过本单元学习，了解、掌握一般的电、火焊知识，可配合焊工工作	1. 电、火焊工具 2. 电焊作业措施 3. 火焊作业措施	讲课	2
MU6 工具材料	LE12 工具的使用与保管	通过本单元学习，了解、掌握常用工具的安全使用及保管	1. 测量工具 2. 专用工具	讲课	12
	LE14 一般金属材料	通过本单元学习，了解、掌握常用金属材料特性，并能选择应用	1. 金属材料种类 2. 金属材料特性 3. 金属材料化学成分 4. 结合实际选择材料	讲课	12
MU7 测量与计算	LE13 测量与计算	通过本单元学习，了解、掌握一般的测量、计算方法，并能应用	1. 普通量具的测量 2. 精密量具的测量 3. 计算方法	讲课	12
MU8 通用机械检修	LE19 通用机械检修	通过本单元学习，了解、掌握一般通用机械检修方法	1. 轴承 2. 联轴器 3. 减速器 4. 转动机械找中心等	讲课	30
MU9 设备原理、结构、规范等	LE20 卸煤设备工作原理、结构、规范等	通过本单元学习，了解、掌握卸煤设备工作原理、结构、规范	翻车机、底开车、螺旋卸车机、链斗卸车机的工作原理、结构、技术参数	讲课	12
	LE21 储煤设备工作原理、结构、规范等	通过本单元学习，了解、掌握储煤设备工作原理、结构、规范	学习掌握斗轮堆取料机、装powerbridge、推煤机的工作原理、结构、技术、参数	讲课	12

模块序号及名称	单元序号及名称	学习目标	学习内容	学习方式	参考学时
MU10 设备检修及维护	LE22 翻车机检修、维护及故障处理	通过本单元学习，了解、掌握翻车机部件的检修内容	1. 推车器、减速器检修 2. 行走减速机检修 3. 定位器、液压缓冲器的检修 4. 钢丝绳检查或更换 5. 平台、车架、金属架构检查处理等	讲课	8
	LE23 螺旋卸车机检修、维护及故障处理	通过本单元学习，了解、掌握螺旋卸车机的检修内容	1. 检修项目 2. 技术要求	讲课	8
	LE24 底开车、链斗卸车机检修、维护及故障处理	通过本单元学习，了解、掌握底开车、链斗卸车机的检修内容	1. 检修项目 2. 技术要求	讲课	7
	LE25 斗轮堆取料机检修、维护及故障处理	通过本单元学习，了解、掌握斗轮机的检修内容	1. 检修项目 2. 技术要求	讲课	8
	LE26 装卸桥、储煤罐检修及维护	通过本单元学习，了解、掌握装卸桥、储煤罐的检修内容	1. 检修项目 2. 技术要求	讲课	7
	LE27 推煤机发动机检修及故障处理	通过本单元学习，了解、掌握推煤机发动机的检修内容	1. 检修项目 2. 技术要求	讲课	8

模块序号及名称	单元序号及名称	学习目标	学习内容	学习方式	参考学时
MU10 设备检修及维护	LE28 推煤机底盘检修	通过本单元学习，了解、掌握推煤机底盘的检修内容	1. 检修项目 2. 技术要求	讲课	7
	LE29 输煤皮带机检修	通过本单元学习，了解、掌握皮带机的检修内容	1. 检修项目 2. 质量标准	讲课	7
MU11 设备故障及处理	LE22 翻车机故障及处理	通过本单元学习，了解翻车机常见故障及处理办法	1. 常见故障及原因 2. 处理办法	讲课	8
	LE23 螺旋卸车机故障及处理	通过本单元学习，了解、掌握螺旋卸车机常见故障及处理办法	1. 常见故障及原因 2. 处理办法	讲课	8
	LE24 底开车、链斗卸车机故障及处理	通过本单元学习，了解底开车、链斗卸车机常见故障及处理办法	1. 常见故障及原因 2. 处理办法	讲课	8
	LE25 斗轮堆取料机故障及处理	通过本单元学习，了解、掌握斗轮堆取料机故障及处理办法	1. 常见故障及原因 2. 处理办法	讲课	8

模块序号及名称	单元序号及名称	学习目标	学习内容	学习方式	参考学时
MU11 设备故障及处理	LE27 推煤机发动机检修及故障处理	通过本单元学习，了解、掌握推煤机发动机常见故障及处理办法	1. 常见故障及原因 2. 处理办法	讲课	8
MU12 检查、验收	LE30 卸储煤主要设备检修工艺标准	通过本单元学习，掌握卸储煤设备检修工艺标准和验收要求	1. 工艺标准 2. 验收要求	讲课	8
MU13 检修、运行规程	LE18 燃料设备检修、运行规程	通过本单元学习，了解、掌握燃料设备检修、运行规定及要求	1. 检修规程 2. 运行规程	自学	4
MU14 可靠管理	LE31 全面质量管理及经济核算	通过本单元学习，了解、掌握全面质量管理知识和经济核算知识并能应用	1. 全面质量管理 2. 经济核算	自学	2

表2

职业技能模块及学习单元对照选择表

模块		MU1	MU2	MU3	MU4	MU5	MU6	MU7	MU8	MU9	MU10	MU11	MU12	MU13	MU14
内容		卸储煤设备检修职业道德	电力生产过程	安全知识	基础知识	相关基础知识	工具材料	测量与计算	通用机械检修	设备原理、结构、规范等	设备检修及维护	设备故障及处理	检查、验收	检修、运行规程	可靠管理
参考学时		2	2	4	60	4	24	12	30	24	60	40	8	4	2
适用等级		初级中级高级技师高级技师	初级中级	初级中级高级技师高级技师	初级中级高级	初级中级高级技师	初级中级高级	中级高级技师高级技师	初级中级高级	初级中级高级	初级中级高级	中级高级技师高级技师	高级技师高级技师	初级中级高级	高级技师高级技师
学习单元LE序号选择	初级	1	2	3、4、5、6、7	8、9、15、16、17	10、11	12、14		19	20、21	22、23、24、25、26、27、28、29			18	
	中级	1	2	3、4、5、6、7	8、9、15、16、17	10、11	12、14	13	19	20、21	22、23、24、25、26、27、28、29	22、23、24、25、27		18	
	高级	1		3、4、5、6、7	8、9、15、16、17	10、11	12、14	13	19	20、21	22、23、24、25、26、27、28、29	22、23、24、25、27	30	18	31
	技师	1		3、4、5、6、7				13				22、23、24、25、27	30		31
	高级技师	1		3、4、5、6、7				13				22、23、24、25、27	30		31

表 3 学习单元名称表

单元序号	单 元 名 称	单元序号	单 元 名 称
LE1	卸储煤设备检修职业道德	LE17	钳工基础
LE2	电力生产过程	LE18	燃料设备检修、运行规程
LE3	安全生产法规教育	LE19	通用机械检修
LE4	电业安全工作规程、规定等	LE20	卸煤设备工作原理、结构、规范等
LE5	电气及一般安全用电	LE21	储煤设备工作原理、结构、规范等
LE6	安全防火	LE22	翻车机检修、维护及故障处理
LE7	急救知识	LE23	螺旋卸车机检修、维护及故障处理
LE8	机械制图	LE24	底开车、链斗卸车机检修、维护及故障处理
LE9	机械基础知识	LE25	斗轮堆取料机检修、维护及故障处理
LE10	起重一般知识	LE26	装卸桥、储煤罐的检修及维护
LE11	电、火焊一般知识	LE27	推煤机发动机检修及故障处理
LE12	工具的使用与保管	LE28	推煤机底盘检修
LE13	测量与计算	LE29	输煤皮带机检修
LE14	一般金属材料	LE30	卸储煤主要设备检修工艺标准
LE15	常用材料力学	LE31	全质管理及经济核算
LE16	液压传动		

3 职业技能鉴定

3.1 鉴定要求

鉴定内容和考核双向细目表按照本职业（工种）《中华人民共和国职业技能鉴定规范·电力行业》执行。

3.2 考评人员

考评人员是在规定的工种（职业）、等级和类别范围内，依据国家职业技能鉴定规范和国家职业技能鉴定试题库电力行业分库试题，对职业技能鉴定对象进行考核、评审工作的人员。

考评人员分考评员和高级考评员。考评员可承担初、中、高级技能等级鉴定；高级考评员可承担初、中、高级技能等级和技师、高级技师资格考评。其任职条件是：

3.2.1 考评员必须具有高级工、技师或者中级专业技术职务以上的资格，具有 15 年以上本工种专业工龄；高级考评员必须具有高级技师或高级专业技术职务的资格，取得考评员资格并具有 1 年以上实际考评工作经历。

3.2.2 掌握必要的职业技能鉴定理论、技术和方法，熟悉职业技能鉴定的有关法律、法规和政策，有从事职业技术培训、考核的经历。

3.2.3 具有良好的职业道德，秉公办事，自觉遵守职业技能鉴定考评人员守则和有关规章制度。

鉴定试题库

4

4.1 理论知识（含技能笔试）试题

4.1.1 选择题

下列每题都有 4 个答案，其中只有 1 个正确答案，将正确答案填在括号内。

La5A1001 材料抗塑性变形或破坏的能力是指其（A）。
（A）强度；（B）刚度；（C）硬度；（D）韧性。

La5A1002 低碳钢的碳含量为（A）。
（A）0.10%～0.25%；（B）0.25%～0.60%；（C）0.6%～1.3%；（D）1.3%～2.0%。

La5A1003 45 号钢是（B）。
（A）普通碳素钢；（B）优质碳素钢；（C）工具钢；（D）合金钢。

La5A1004 润滑主要是减少和控制（D）。
（A）发热；（B）传动；（C）噪声；（D）摩擦。

La5A2005 延伸率（B）的材料称为脆性材料。
（A）<10%；（B）<5%；（C）<3%；（D）<1%。

La5A2006 碳钢中含碳量的多少主要影响（**B**）。

（A）塑性；（B）硬度；（C）韧性；（D）脆性。

La5A3007 标有 ◁ 1:50 的锥形，其斜度是（**C**）。

（A）1:50；（B）1:25；（C）1:100；（D）1:150。

La5A3008 若一个三角形的三个边分别为 30、40、50，那么此三角形中最大的角一定是（**D**）。

（A）30°；（B）45°；（C）60°；（D）90°。

La5A3009 在同一尺寸段里，标准公差数值随公差等级数字的增大而（**A**）。

（A）增大；（B）缩小；（C）不变；（D）可大可小。

La5A4010 一传动轴，传递功率为 P，转速为 n，确定外力偶矩 M 的关系式是（**B**）。

（A）$M=P/n$；（B）$M=9550P/n$；（C）$M=n/P$；（D）$M=9549n/P$。

La5A4011 两个互相啮合很好的渐开线齿轮，如忽略制造和安装误差，其节圆和分度圆应（**B**）。

（A）相交；（B）重合；（C）分度圆小于节圆；（D）分度圆大于节圆。

La4A1012 当外力除去后，将材料内部产生的残余应力叫做（**A**）。

（A）内应力；（B）弹力；（C）回复力；（D）预紧力。

La4A1013 压力单位换算：$1kgf/cm^2 =$（**B**）**Pa**。

（A）9.9×10^3；（B）$9.806\,65 \times 10^4$；（C）$101\,325$；（D）$9.806\,375$。

La4A1014 热量的现行法定计算单位是（**B**）。
（A）卡；（B）焦耳；（C）度；（D）千克。

La4A2015 塑性材料的破坏是以材料开始发生（**D**）为标志。
（A）变细；（B）断裂；（C）弹性变形；（D）塑性变形。

La4A2016 变质处理是指在液态金属结晶前有意地加入某些物质，如为增加耐磨性，加入（**C**）。
（A）硫；（B）磷；（C）锰；（D）铅。

La4A2017 （**D**）热处理能够使钢件硬度增加，韧性降低。
（A）正火；（B）退火；（C）回火；（D）淬火。

La4A2018 液压动力部分是将（**A**）。
（A）机械能转化为液压能；（B）电能转化为机械能；（C）液压能转化为机械能；（D）电能转化为液压能。

La4A2019 液压执行部分是将（**C**）。
（A）机械能转化为液压能；（B）电能转化为机械能；（C）液压能转化为机械能；（D）电能转化为液压能。

La4A3020 反应力偶特征的量为（**A**）。
（A）力偶矩；（B）力系；（C）力的大小；（D）扭矩。

La4A3021 纯铁的晶粒越细，则（**C**）。
（A）强度越低，塑性越差；（B）强度越低，塑性越好；（C）强度越高，塑性越好；（D）强度越高，塑性越差。

La4A3022　将钢加热至 A_{C3} 以上 30～50℃保温一定时间，然后随炉缓慢冷却至室温，这一处理过程称为（**A**）。

（A）退火热处理；（B）正火热处理；（C）回火热处理；（D）淬火热处理。

La4A4023　布氏硬度的测量方法是（**D**）。

（A）三角形压头；（B）圆柱形压头；（C）圆锥形压头；（D）圆球形压头。

La4A4024　液体静压力表示作用在单位面积上的力，现行法定计量单位是（**C**）。

（A）kgf/cm^2；（B）tf/m^2；（C）Pa；（D）at。

La4A4025　齿轮的渐开线线形状与基圆的大小有关，当基圆半径为无穷大时，渐开线就变成了（**A**），齿轮就变成了齿条。

（A）直线；（B）曲线；（C）圆；（D）椭圆。

La3A2026　反应材料塑性指标是（**D**）。

（A）热膨胀率；（B）冷缩率；（C）切削性；（D）延伸率。

La3A2027　传动系统的总传动比等于组成该系统的各级传动比的（**C**）。

（A）和；（B）差；（C）积；（D）商。

La3A3028　理想液体在通过管道不同截面时的流速与其截面积的大小成（**B**）。

（A）正比；（B）反比；（C）没有关系；（D）倍数关系。

La3A4029　高碳钢的含碳量为（**C**）。

（A）0.25%～0.60%；（B）2.11%～6.69%；（C）0.6%～1.3%；

（D）1.3%～2.11%。

La3A5030 齿轮箱结合面紧固，定位孔和定位销接触面积在（**A**）以上。

（A）80%；（B）60%；（C）50%；（D）40%。

La2A2031 当杆件受外力而歪曲时有应力产生，弧的外侧内应力是（**A**）。

（A）拉应力；（B）压应力；（C）弯应力；（D）回复力。

La2A2032 既能支承旋转零件，又能传递动力的轴是（**C**）。

（A）心轴；（B）传动轴；（C）转轴；（D）曲轴。

La2A3033 将钢加热到 A_{C3} 或 A_{ccm} 以上 30～50℃，保温后从炉中取出在空气中冷却的处理方式属于（**B**）。

（A）退火热处理；（B）正火热处理；（C）回火热处理；（D）淬火热处理。

La2A3034 零件表面粗糙度"$\diagdown\!\!\diagup$"表示（**A**）。

（A）表面去除材料获得；（B）表面不去处材料获得；（C）特殊方法获得；（D）没有意义。

La2A3035 三角带传动中，小轮包角越大，带传动的能力越大；小轮包角越小，带越容易在带轮上打滑。一般小轮包角要大于或等于（**C**）。

（A）60°；（B）90°；（C）120°；（D）180°。

La2A3036 三角带传动同时使用的根数一般不超过（**D**）根。

（A）3；（B）5；（C）6；（D）8。

La2A4037 假想用剖切面剖开机件，将处在观察者和剖切面之间的部分移去，而将其余部分投影所得的图形称为（**D**）。

（A）主视图；（B）斜视图；（C）局部视图；（D）剖视图。

La2A5038 金属材料的工艺性能包括（**C**）。

（A）可焊性、可锻性、铸造性、可塑性；（B）可焊性、可锻性、铸造性、成形性；（C）可焊性、可锻性、铸造性、切削加工性；（D）可锻性、铸造性、可塑性、成形性。

La1A1039 充电机给电瓶充电是（**A**）。

（A）电能转化为化学能；（B）电能转化为热能；（C）化学能转化为电能；（D）热能转化为化学能。

La1A2040 压杆由直线稳定状态开始进入到不稳定状态时的压力称为（**D**）。

（A）极限力；（B）屈服力；（C）许用力；（D）临界力。

La1A3041 两齿轮啮合运动，若 $\omega_1 = \omega_2$，则转速（**A**）。

（A）$n_1 = n_2$；（B）$n_1 > n_2$；（C）$n_1 < n_2$；（D）无法确定。

La1A3042 设备中运动机构自身的运动频率和设备的自身频率相同时，将会产生（**D**）现象，具有一定的破坏作用。

（A）失衡；（B）失控；（C）振动；（D）共振。

Lb5A1043 台虎钳的规格是用（**C**）来表示的。

（A）钳口的厚度；（B）虎钳高度；（C）钳口宽度；（D）最大夹持距离。

Lb5A1044 普通螺纹的牙型角等于（**D**）。

（A）30°；（B）50°；（C）55°；（D）60°。

Lb5A1045　圆锥销有（B）的锥度。

（A）1:10；（B）1:50；（C）1:100；（D）1:150。

Lb5A1046　203 轴承的内径为（C）mm。

（A）10；（B）15；（C）17；（D）20。

Lb5A1047　图纸注有 160，若表示长度，则公差尺寸为（D）。

（A）160；（B）16±0.05；（C）160±0.30；（D）160±0.50。

Lb5A1048　（A）是控制液体压力的压力控制阀中的一种。

（A）溢流阀；（B）节流阀；（C）单向阀；（D）闸阀。

Lb5A1049　翻车机卸车线调车设备为（B）。

（A）重车铁牛、摘钩平台、迁车台；（B）重车铁牛、迁车台、空车铁牛；（C）重车铁牛、迁车台、重车调车机；（D）重车调车机、摘钩平台、迁车台。

Lb5A1050　常用螺旋卸车机的螺旋直径为（A）mm。

（A）900；（B）1000；（C）1200；（D）1500。

Lb5A1051　煤漏斗底开车的漏斗板水平倾角为（B）。

（A）45°；（B）50°；（C）55°；（D）60°。

Lb5A1052　柴油机每个气门上装有（B）个弹簧。

（A）1；（B）2；（C）3；（D）4。

Lb5A2053　矩形螺纹的牙型角为（D）。

（A）30°；（B）55°；（C）60°；（D）0°。

Lb5A2054 M20×2 螺栓的螺距为（**B**）。

（A）24；（B）2；（C）1.5；（D）3。

Lb5A2055 滚动轴承上没有标精度等级的就是（**D**）精度。

（A）C；（B）D；（C）E；（D）G。

Lb5A2056 齿轮啮合中齿顶间隙是齿轮模数的（**C**）倍。

（A）0.75；（B）0.5；（C）0.25；（D）1。

Lb5A2057 多级减速器中，各级大齿轮均应浸入油中，但高速级大齿轮浸油深度一般不超过（**C**）mm。

（A）5；（B）10；（C）15；（D）20。

Lb5A2058 过盈配合的特点是：孔的实际尺寸减去轴的实际尺寸为（**B**）。

（A）正值；（B）负值；（C）0；（D）不一定。

Lb5A2059 125 门型链斗卸车机的起升高度为（**C**）m。

（A）2.5；（B）3；（C）4；（D）12.5。

Lb5A2060 制动器的制动瓦与制动轮鼓的接触面应光滑，其接触面积应不小于（**C**）。

（A）1/2；（B）2/3；（C）3/4；（D）4/5。

Lb5A2061 （**D**）传动具有自锁性。

（A）齿轮；（B）键；（C）链；（D）蜗轮蜗杆。

Lb5A2062 装卸桥生产率主要取决于抓斗容积，抓斗容积一般为（**C**）m³。

（A）5；（B）4；（C）3；（D）2。

Lb5A2063 冬季冻煤层厚度为（A）mm 时，抓斗落放的冲击力可以击碎冻煤层。

（A）100；（B）200；（C）300；（D）400。

La5A2064 油缸是把液压能变成（A）的液压元件。

（A）机械能；（B）动能；（C）势能；（D）电能。

Lb5A3065 机件上的部分细小结构，可用（B）的办法画成放大比例图形。

（A）整体放大；（B）局部放大；（C）整体缩小；（D）局部缩小。

Lb5A3066 滚动轴承装配在轴上时采用（D）制。

（A）过渡；（B）过盈；（C）基轴；（D）基孔。

Lb5A3067 据统计，有 80% 损坏零件是由于（B）造成的，所以磨损直接危及机械设备的寿命。

（A）操作不当；（B）磨损；（C）激烈振动；（D）腐蚀。

Lb5A3068 门式滚轮堆取料机全机一般采用（A）传动方式。

（A）机械；（B）电气；（C）液压；（D）齿轮。

Lb5A3069 装卸桥的一个支腿与主梁（D），称为挠性支腿，只承受垂直载荷。

（A）焊接；（B）螺栓连接；（C）铆接；（D）铰接。

Lb5A3070 T140-1 型推煤机主离合器由（C）操纵。

（A）电气；（B）机械；（C）液压助力；（D）气动。

Lb5A3071 推土机干式主离合器的挠性连接块更换必须同时更换（**D**）个。

（A）2；（B）3；（C）4；（D）5。

Lb5A3072 铲车轴向齿轮泵出油口（**B**）进油口。

（A）大于；（B）小于；（C）等于；（D）大于或小于。

Lb5A3073 减速机齿轮的磨损，要求其齿轮厚度不小于原齿厚的（**C**），否则应更换齿轮。

（A）70%；（B）75%；（C）80%；（D）85%。

Lb5A3074 MDQ15050 型斗轮堆取料机的堆、取料能力分别是（**D**）t/h。

（A）1000、1000；（B）1200、1200；（C）1400、1400；（D）1500、1500。

Lb5A4075 工作图中标准"2－ϕ10"是表示（**B**）。

（A）直径 10mm 相互配合；（B）有两个直径为 10mm 孔；（C）直径 10×2 等于 20；（D）直径的孔精度为 2 级。

Lb5A4076 有尺寸为 ϕ30H8 的孔和尺寸为 ϕ30g9 的轴相配合，此为（**A**）配合。

（A）间隙；（B）过渡；（C）过盈；（D）自由。

Lb5A4077 当两轴相交时选（**D**）。

（A）直齿齿轮；（B）人字齿轮；（C）斜齿齿轮；（D）圆锥齿轮。

Lb5A4078 柴油机活塞、缸套及活塞环磨损时出现（**B**）。

（A）上排气；（B）下排气；（C）正常排气；（D）上下排气。

Lb5A4079　铲车发动机的空气压缩机润滑油由发动机供给的（**D**）冷却。

（A）机油；（B）水；（C）液压油；（D）空气。

Lb5A4080　推煤机在工作时，为了防止变速齿轮产生滑脱（跳挡），推煤机安装了（**A**）。

（A）互锁；（B）变速；（C）主离合器；（D）止挡器。

Lb5A4081　摆线针轮行星传动特点是（**C**）。

（A）体积大，速比大；（B）体积小，速比小；（C）体积小，速比大；（D）体积大，效率高。

Lb4A1082　倒角 2 × 45° 表示（**A**）。

（A）倒45°角，直角边为 2mm；（B）某一边为 2mm 的任意角；（C）倒斜边为 2mm 的角；（D）倒 2 个 45°的角。

Lb4A1083　孔径的实际尺寸小于轴径的实际尺寸称为（**C**）。

（A）间隙配合；（B）过渡配合；（C）过盈配合；（D）自由配合。

Lb4A1084　英制螺纹的牙型角是（**C**）。

（A）30°；（B）50°；（C）55°；（D）60°。

Lb4A1085　转动设备的油堵螺纹一般采用（**A**）。

（A）细牙螺纹；（B）粗牙螺纹；（C）普通螺纹；（D）特殊螺纹。

Lb4A1086　标准齿轮的压力角为（**B**）。

（A）10°；（B）20°；（C）30°；（D）40°。

Lb4A1087 链与链轮组成的传动,链的节距越大,则(**A**)。

(A)承载能力越大;(B)承载能力越小;(C)传动比越大;(D)传动比越小。

Lb4A1088 转子式翻车机的推车装置安装在翻车机平台的(**A**)。

(A)进车端;(B)出车端;(C)中部;(D)外部。

Lb4A1089 KFJ–3 型是(**A**)转子式翻车机。

(A)两支座;(B)三支座;(C)四支座;(D)六支座。

Lb4A1090 KFJ–3 型转子式翻车机,其转子是由(**A**)段组成的。

(A)一;(B)二;(C)三;(D)四。

Lb4A1091 倾斜式翻车机的最大工作角度为(**B**)。

(A)160°;(B)165°;(C)170°;(D)175°。

Lb4A2092 制图中"//"符号表示(**A**)。

(A)平行度;(B)平面度;(C)同轴度;(D)同心度。

Lb4A2093 $8-\phi 4$ 均布表示(**D**)。

(A)8 个 $\phi 4$ 的孔;(B)4 个 $\phi 8$ 的孔;(C)一个 $\phi 4$ 的孔长为 8;(D)8 个 $\phi 4$ 的孔在圆周上的均布。

Lb4A2094 $\phi 50 ^{+0.08}_{+0.03}$ 其公差为(**D**)。

(A)0.11;(B)0.08;(C)0.03;(D)0.05。

Lb4A2095 滚动轴承一般的工作温度不超过(**B**)℃。

（A）55～60；（B）60～65；（C）65～70；（D）70～80。

Lb4A2096 热装轴承时，安装前，先把轴承放在（**C**）℃的矿物质中预热 **15～20min**，使其膨胀后再安装。

（A）40～60；（B）60～80；（C）80～100；（D）100～120。

Lb4A2097 滚动轴承装配在箱体上时，应采用（**D**）制。
（A）过渡配合；（B）过盈配合；（C）基孔制；（D）基轴制。

Lb4A2098 一对齿轮正确的啮合条件是两齿轮（**D**）相等。
（A）模数、周节；（B）模数、齿宽；（C）周节、齿宽；
（D）模数、压力角。

Lb4A2099 链传动中，瞬时传动比是（**B**）的。
（A）恒定；（B）不恒定；（C）两者都可能存在；（D）两者都不存在。

Lb4A2100 链传动中，小链轮的齿数不应小于（**B**）。
（A）8；（B）9；（C）10；（D）11。

Lb4A2101 KFJ－1A 型侧倾式翻车机的驱动方式为（**A**），压车形式为液压锁紧压车。
（A）齿轮传动；（B）链传动；（C）液压传动；（D）气压传动。

Lb4A2102 液压电动机的作用是输出（**C**）运动。
（A）机械；（B）能量；（C）旋转；（D）直线。

Lb4A3103 锯齿形螺纹牙型工作边倾斜角为（**C**）。

（A）30°；（B）60°；（C）10°；（D）15°。

Lb4A3104 最常见的齿轮失效形式是（**A**）。
（A）疲劳点蚀；（B）磨损；（C）胶合；（D）折断。

Lb4A3105 渐开线齿轮正确啮合后两齿接触为（**B**）。
（A）点接触；（B）线接触；（C）面接触；（D）点、线、面变化性接触。

Lb4A3106 防止轮齿折断的措施有（**B**）。
（A）增大轮齿宽度；（B）增大齿根周角半径；（C）减小齿根圆半径；（D）降低齿根温度。

Lb4A3107 1250T/H 桥式卸船机只有在换仓作业时方可在司机室进行（**B**）悬臂操作。
（A）0°～84.7°；（B）0°～75°；（C）0°～60°；（D）0°～45°。

Lb4A3108 YT1－25/4 型电动液压杆的行程为（**C**）mm。
（A）20；（B）30；（C）40；（D）50。

Lb4A3109 溢流阀在斗轮、回转系统中起（**D**）的作用。
（A）过载；（B）保护；（C）流量；（D）限压保护。

Lb4A3110 斗轮机回转大齿圈模数为（**C**）。
（A）$m=18$；（B）$m=20$；（C）$m=25$；（D）$m=30$。

Lb4A3111 发动机冷却系统调温器随（**A**）变化时，可以关闭、半开或全开，以控制冷却水循环的通路。
（A）温度；（B）水量；（C）转速；（D）压力。

Lb4A3112 制动器打开时,制动器闸瓦与制动轮的间隙应保持在(**C**)mm。

(A)0.5～0.7;(B)0.6～0.8;(C)0.8～1.0;(D)1.0～1.2。

Lb4A3113 FZ2–1C 型双车翻车机在翻到(**C**)之前夹紧装置全部夹紧。

(A)45°;(B)60°;(C)70°;(D)90°。

Lb4A4114 螺旋传动效率的大小与螺纹的(**B**)及摩擦角有关。

(A)导程;(B)升角;(C)夹角;(D)中径。

Lb4A4115 蜗杆传动相当于齿条和齿轮的啮合,所以蜗杆的节距必等于蜗轮的端面(**D**)。

(A)齿顶圆直径;(B)齿根圆直径;(C)节直径;(D)周节。

Lb4A4116 液压系统中齿轮泵是靠改变(**D**)来实现吸压油过程的。

(A)工作压力;(B)工作温度;(C)工作速度;(D)工作容积。

Lb4A4117 推煤机喷油器喷雾试验在(**B**)次/min 速度下检查喷油雾化情况。

(A)20～30;(B)40～80;(C)100～120;(D)140～160。

Lb4A4118 为了防止"挂煤"和加速煤的流动,通常在储煤罐筒斜壁内砌衬(**C**)。

(A)钢板;(B)硬质木板;(C)铸石板;(D)塑料板。

Lb3A1119　M32×4 螺栓的螺距为（D）。

（A）2；（B）8；（C）1.5；（D）4。

Lb3A1120　圆型煤场应用（D）。

（A）DQ8030 型斗轮机；（B）MDQ－15050 型斗轮机；（C）DQ5030 型斗轮机；（D）DQ4022 型斗轮机。

Lb3A1121　MDQ900/1200－50 型堆取料机门架跨度为（B）m。

（A）30；（B）50；（C）90；（D）11.5。

Lb3A1122　滚动轴承的外套与轴承座的配合，应采用（A）。

（A）基轴制；（B）基孔制；（C）过盈配合；（D）过渡配合。

Lb3A2123　一对渐开线齿轮外啮合时，两轮的中心距为（B）。

（A）两轮分度圆半径之和；（B）两轮的节圆半径之和；（C）一轮的齿顶圆半径与另一轮的基圆半径之和；（D）一轮的齿顶圆半径与另一轮的齿根圆半径之和。

Lb3A2124　制造减速机高速轴常用（B）钢。

（A）2G45；（B）45 号；（C）T_8；（D）A_3。

Lb3A2125　侧倾式翻车机液压系统的油温正常范围是（B）℃。

（A）30～80；（B）35～60；（C）40～75；（D）35～80。

Lb3A2126　装卸桥抓斗容积都（C）m^3。

（A）小于 2；（B）小于 3；（C）大于 3；（D）大于 4。

Lb3A2127 柴油机冷却水泵为（**A**）。
（A）离心泵；（B）柱塞泵；（C）齿轮泵；（D）潜水泵。

Lb3A2128 非增压型柴油机的缸垫为（**A**）。
（A）钢架树脂；（B）组合钢垫；（C）铜垫；（D）铅垫。

Lb3A2129 发动机的机油底油尺上的动满和静满表示发动机（**B**）应达到的油位。
（A）停止时；（B）转动时；（C）正常；（D）非正常。

Lb3A3130 斗轮堆取料机的主要性能参数中，（**A**）是很重要的，它直接影响整机重量、安装功率及使用范围等。
（A）臂架长度；（B）回转角度；（C）功率；（D）斗轮转速。

Lb3A3131 桥式卸船机变幅机构中，小门架上装设了悬臂挂钩液压推杆，当悬臂上升到（**B**）时，前桥即进入钩区，桥架被安全挂钩挂住。
（A）78°～82°；（B）82°～84.7°；（C）80°～85.5°；
（D）84.7°～86°。

Lb3A3132 斗轮堆取料机处理自燃煤的能力（**B**）抓斗类煤场机械。
（A）强于；（B）弱于；（C）等于；（D）不能比。

Lb3A3133 蓄电池在 20℃ 的电解液密度为（**B**）$\times 10^3 kg/m^3$。
（A）1.180；（B）1.280；（C）1.380；（D）13.0。

Lb3A3134 铲车柴油机与变速箱之间采用（**B**）蜗轮液力

机械变矩器来传递动力。

（A）单；（B）双；（C）三；（D）四。

Lb3A3135 钢丝绳型号 6×37φ38+1 中 37 表示（**C**）。

（A）直径；（B）钢丝绳整体丝数；（C）每股丝数；（D）破断强度。

Lb3A3136 基孔制的孔，（**B**）为零。

（A）上偏差；（B）下偏差；（C）上、下偏差；（D）公差。

Lb3A3137 液压系统中，最简单的过滤方式是网式滤油，其网的网孔数目应为（**A**）目。

（A）60；（B）100；（C）160；（D）200。

Lb2A2138 推煤机配合斗轮堆取料机作业时，至少应保持（**B**）m 的安全距离。

（A）2；（B）3；（C）4；（D）5。

Lb2A3139 发动机油压力过低或机油断路易造成（**C**）事故。

（A）漏机油；（B）活塞抱缸；（C）烧瓦、抱轴；（D）过热。

Lb2A4140 柴油机的机体由高强度（**D**）制成，为隧道式结构。

（A）碳钢；（B）铸钢；（C）合金钢；（D）铸铁。

Lb2A5141 内外组合弹簧是一个左旋、一个右旋，这是为了（**C**）。

（A）美观；（B）增大弹力；（C）抵消一部分扭矩；（D）没有意义。

Lb2A5142 斗轮堆取料机的主要性能参数中,斗轮臂架的（**B**）范围是一个重要数,它直接影响斗轮机的运行灵活性和出力。

（A）臂架长度；（B）回转角度；（C）功率；（D）斗轮转数。

Lb1A1143 推煤机最终传动装置的作用是再次增加传动系统的传动比,降低传动系统的转速,并将动力传给（**B**）。

（A）引导轮；（B）驱动轮；（C）支重轮；（D）拖链轮。

Lb1A3144 新型的斗轮堆取料机上安装了（**B**）的函数变送器,以控制回转速度。

（A）$1/\sin\varphi$；（B）$1/\cos\varphi$；（C）$2/\tan\varphi$；（D）$1/\text{ctan}\varphi$。

Lc5A1145 所有升降口、大小孔洞、楼梯平台,必须装设不低于 **1050mm** 的栏杆和不低于（**B**）mm 的护板。

（A）50；（B）100；（C）150；（D）200。

Lc5A1146 氧气瓶和乙炔瓶的距离不得少于（**B**）m。
（A）5；（B）8；（C）10；（D）15。

Lc5A1147 火力发电厂排出的烟气造成大气污染,其主要污染物是（**A**）。

（A）二氧化碳；（B）粉尘；（C）氮氧化物；（D）微量重金属微粒。

Lc5A2148 在没有脚手架或在无栏杆的脚手架上作业高度超过（**B**）m 时,必须系好安全带。

（A）1；（B）1.5；（C）2；（D）2.5。

Lc5A2149 在遇有（**C**）级以上大风时,禁止露天起吊重物。

(A) 3；(B) 5；(C) 6；(D) 8。

Lc5A2150 泡沫灭火器扑救（**A**）的火灾，其效果最好。

(A) 油类；(B) 化学药品；(C) 可燃气体；(D) 电气设备。

Lc5A3151 电气工具和用具由专人保管，每（**B**）个月必须用仪器试验检测。

(A) 3；(B) 6；(C) 9；(D) 12。

Lc5A3152 凝固是反映燃料油（**A**）的指标。

(A) 失去流动性；(B) 杂质多；(C) 发热量高低；(D) 挥发分高低。

Lc5A4153 造成火力发电厂效率低的主要原因是（**B**）。

(A) 锅炉效率低；(B) 汽轮机排汽热损失；(C) 发电机损失；(D) 汽轮机机械损失。

Lc4A1154 凡在离地面（**B**）m 以上的地点进行工作，均视为高空作业。

(A) 1；(B) 1.5；(C) 2；(D) 2.5。

Lc4A2155 禁止利用任何（**C**）悬吊重物或其重滑车。

(A) 建筑物；(B) 钢丝绳；(C) 管道；(D) 塑料板。

Lc4A2156 所有工作人员都应学会触电急救法、（**D**）、心肺复苏法，并熟悉有关烧伤、烫伤、外伤、气体中毒等急救常识。

(A) 烫伤急救法；(B) 汤姆立克急救法；(C) 中毒急救法；(D) 窒息急救法。

Lc4A3157 在设备检修过程中，（**C**）应正确、安全地组织工作。

（A）分厂领导；（B）班长；（C）工作负责人；（D）工作许可人。

Lc4A4158 厂用专业机动车辆在遇到路面狭窄不平时，重车时速不准超过（**D**）km/h，空车时速不准超过 **10km/h**。

（A）20；（B）15；（C）10；（D）5。

Lc3A2159 煤存放时间久了，其发热量会降低，这是（**B**）作用的结果。

（A）风化；（B）氧化；（C）雨水；（D）高温。

Lc3A2160 在串联电路中，通过每个电阻的电流（**A**）。

（A）相等；（B）靠前的电阻电流大；（C）靠后的电阻电流大；（D）是变化的。

Lc3A2161 检修工作如不能按计划期限完成，必须由（**D**）办理工作延期手续。

（A）分厂厂长；（B）分厂安全员；（C）班长；（D）工作负责人。

Lc3A4162 发电机的工作原理是导体垂直切割（**A**），感应电动势后产生了电。

（A）磁力线；（B）电流；（C）磁性；（D）感应电流。

Lc3A4163 衡量企业设备维护工作好坏的指标是（**B**）。

（A）安全状况；（B）设备完好率；（C）人员素质；（D）经济效益。

Lc2A2164 电动机的基本工作原理是载流导体在磁场中受到（**C**）的作用而产生旋转运动。

（A）机械力；（B）感应力；（C）电磁力；（D）电力。

Lc1A2165 30 号机油的"30 号"是指（**A**）。

（A）规定温度下的黏度；（B）使用温度；（C）凝固点；（D）燃点等级。

Jd5A1166 手锤锤把的长短可根据个人手臂而定，一般约等于小臂加手掌的长度，即手握锤头时，锤把超过小臂（**C**）mm。

（A）5～10；（B）10～20；（C）20～30；（D）30～40。

Jd5A1167 锯割时要充分利用锯条长度，一般往复长度不应小于锯条长度的（**B**）。

（A）1/2；（B）2/3；（C）1/3；（D）1/4。

Jd5A1168 开始锉削时，身体要向前倾斜（**B**）左右。

（A）5°；（B）10°；（C）15°；（D）18°。

Jd5A1169 工件的可见轮廓线，在机械制图中用（**A**）表示。

（A）粗实线；（B）细实线；（C）虚线；（D）点划线。

Jd5A1170 测量圆柱工件长度，其公差在±0.05，最常用的量具为（**C**）。

（A）钢板尺；（B）千分尺；（C）游标卡尺；（D）钢卷尺。

Jd5A1171 一般连接螺丝紧固后，螺栓应露出螺帽（**B**）扣。

（A）1～2；（B）2～3；（C）3～4；（D）4～5。

Jd5A2172 锯割时，如果材料过硬，往复速度过快或回程时有压力等，易造成锯条（**B**）。

（A）崩齿；（B）磨损；（C）折断；（D）夹锯。

Jd5A2173 錾子的夹角，用于加工一般碳素结构钢时，其尖角应控制在（**C**）。

（A）40°～50°；（B）45°～55°；（C）50°～60°；（D）55°～65°。

Jd5A2174 齿轮的分度圆用（**D**）绘制。

（A）粗实线；（B）细实线；（C）虚线；（D）点划线。

Jd5A2175 绘图中金属零件的剖面线，用（**D**）倾斜的间隔细实线表示。

（A）150°；（B）25°；（C）35°；（D）45°。

Jd5A3176 国家标准规定，机械图样中的尺寸以（**A**）为单位。

（A）毫米；（B）厘米；（C）米；（D）英寸。

Jd5A3177 用铁水平仪测量平面是否水平，应在同一平面上调换（**D**），测量两次。

（A）45°；（B）90°；（C）135°；（D）180°。

Jd5A3178 安装一对 $m=10$ 的渐开线斜齿圆柱齿轮时，其啮合的齿顶间隙为（**B**）mm。

（A）2；（B）2.5；（C）3；（D）3.5。

Jd4A1179 使用台虎钳时，钳把不得加套管或用手锤敲打，所夹工作不得超过钳口最大行程的（**C**）。

（A）1/5；（B）1/4；（C）1/3；（D）1/2。

Jd4A1180 錾子的刃部经淬火处理后，除应具有较好的硬度外，还必须有一定的（**D**）。

（A）脆性；（B）塑性；（C）刚性；（D）韧性。

Jd4A1181 使用活络扳手时，应让（**A**）受主要作用力。

（A）固定钳口；（B）活动钳口；（C）人体；（D）扳臂。

Jd4A1182 工件不可见轮廓线，在机械制图中用（**C**）。

（A）粗实线；（B）细实线；（C）虚线；（D）点划线。

Jd4A1183 图纸上的 **M1:2** 是表示图样是实物的（**B**）。

（A）一样大小；（B）一半大小；（C）二倍大小；（D）三倍大小。

Jd4A1184 每个轴承座下部的垫片不得多于（**B**）片。

（A）2；（B）3；（C）4；（D）5。

Jd4A2185 配键时，键的两端使其成半圆形，键的长度应比轴槽长度小（**B**）mm。

（A）0.05；（B）0.10；（C）0.15；（D）0.20。

Jd4A2186 轴与轴承组装时，应先清洗轴与轴承端盖等，并测量轴承与轴的配合、轴承的（**B**）间隙。

（A）轴向；（B）径向；（C）实际；（D）工作。

Jd4A2187 在某一铸铁件上攻丝 **M16** 螺纹，应用直径（**A**）mm 的钻头钻孔。

（A）13.8；（B）14.3；（C）14；（D）16。

Jd4A2188　錾子淬火后，在砂轮上磨削刃部必须时常（**D**），否则会因摩擦生热而退火。

（A）再淬火；（B）自然冷却；（C）浸油；（D）浸水。

Jd4A3189　直径大于 6mm 钻头，都应修磨横刃，而修磨后的横刃长应为原长的（**D**）。

（A）1/2～1/3；（B）1/4～1/5；（C）1/2～1/4；（D）1/3～1/5。

Jd4A3190　轴瓦检修刮研时，一般要求每 25mm × 25mm 面积内的斑点显示为（**B**）处。

（A）3～5；（B）6～8；（C）10～12；（D）15～18。

Jd4A4191　弯管后管壁的厚度应不小于原壁厚的（**D**）。

（A）95%；（B）90%；（C）85%；（D）80%。

Jd4A4192　两齿轮啮合运动 $Z_1 = 30$，$Z_2 = 15$，若 $\omega_1 = 5$rad/s，则 $\omega_2 =$（**A**）rad/s。

（A）10；（B）5；（C）20；（D）2.5。

Jd3A2193　二硫化钼锂基脂使用中，温度一般不超过（**C**）℃。

（A）80；（B）100；（C）145；（D）160。

Jd3A2194　一般铆钉直径大于（**A**）mm 时，均采用热铆接。

（A）10；（B）20；（C）30；（D）40。

Jd3A3195　具有自锁性的螺旋传动效率（**C**）。

（A）为零；（B）较高；（C）低；（D）高。

Jd3A3196　螺旋传动的功率大小与螺纹的（**B**）有关。

（A）导程；（B）升角；（C）夹角；（D）螺距。

Jd2A2197　钻孔时，每当钻进深度达到孔径的（**C**）倍时，必须将钻头从孔中提出，及时排屑。

（A）5；（B）2；（C）3；（D）4。

Jd2A4198　用百分表测量工件时，先将触头抬高（**A**）mm 左右，然后转动表盘使大指针调到零位，这样在测量时可避免出现负值。

（A）1；（B）2；（C）3；（D）4。

Jd2A4199　中型截面钢丝绳末端用绳卡子固定连接时，为安全可靠，绳卡子数目不少于（**C**）个。

（A）2；（B）3；（C）4；（D）5。

Jd2A2200　锪孔时，钻床转速应是钻孔速度的（**B**），一般采用手动进入。

（A）1/5～1/4；（B）1/3～1/2；（C）1/4～1/2；（D）1/5～1/3。

Je5A1201　用螺纹规可以测量螺纹（**D**）。

（A）大径；（B）小径；（C）中径；（D）螺距。

Je5A1202　为了提高钢的硬度，采用（**C**）热处理工艺。

（A）正火；（B）回火；（C）淬火；（D）退火。

Je5A1203　螺旋卸车机在卸煤时，为防止"啃"车底现象，一般要留有（**B**）mm 厚的煤层。

（A）50；（B）100；（C）150；（D）200。

Je5A1204 机械找正、地脚垫总厚度不应超过（**B**）mm。

（A）1；（B）2；（C）3；（D）4。

Je5A1205 减速器 JZQ－350－Ⅳ－3 轴总中心距为（**C**）。

（A）1050mm；（B）350cm；（C）350mm；（D）未知。

Je5A2206 在蜗轮、蜗杆传动中，若蜗杆头数 2，蜗轮齿数为 60，则传动比为（**C**）。

（A）120；（B）60；（C）30；（D）0.033。

Je5A2207 在蜗轮、蜗杆传动箱上下结合面未紧固时，结合面间隙应达到用（**B**）mm 塞尺塞不出去。

（A）0.05；（B）0.10；（C）0.15；（D）0.20。

Je5A2208 转子式翻车机制动器，当制动瓦片磨损超过厚度的（**A**）时，需更换。

（A）1/2；（B）1/3；（C）2/3；（D）1/4。

Je5A2209 制动器在调整时，制动轮中心与闸瓦中心误差不应超过（**D**）mm。

（A）10；（B）8；（C）6；（D）3。

Je5A2210 悬臂式斗轮堆取料机行走部分齿轮联轴器找正时，径向位移要求为（**D**）mm。

（A）3；（B）0.30；（C）0.10；（D）0.03。

Je5A2211 某三级减速器 $i_1=2$，$i_2=6$，$i_3=8$，则总速比（**B**）。

（A）$i=i_1+i_2+i_3=16$；（B）$i=i_1\times i_2\times i_3=96$；（C）$i=3(i_1+i_2+i_3)=48$；（D）不能求得。

Je5A2212 液压电动机两活塞环开口位置应错开（**D**）。

（A）90°；（B）120°；（C）150°；（D）180°。

Je5A2213 装卸桥抓斗张开斗口不平行差不得超过（**D**）mm。

（A）100；（B）60；（C）40；（D）20。

Je5A3214 底开车车轮单块闸瓦磨损到（**B**）mm 时，应更换闸瓦。

（A）5；（B）10；（C）15；（D）20。

Je5A3215 轴向柱塞泵蝶形弹簧的紧力要求压缩弹簧（**D**）mm。

（A）0.9～1；（B）0.8～0.9；（C）0.5～0.6；（D）0.3～0.4。

Je5A3216 齿轮油泵装配时轴向间隙最大不超过（**B**）mm。

（A）0.05；（B）0.10；（C）0.20；（D）0.30。

Je5A4217 胶接皮带时，接头的做法应是在头部（与运行方向一致）撕剥胶带的（**B**）。

（A）工作面；（B）非工作面；（C）两面各剥一半；（D）任何一面均可。

Je5A3218 一液压千斤顶小缸活塞面积 $S_1 = 10\text{mm}^2$，大缸活塞面积 $S_2 = 100\text{mm}^2$，当小缸施加 100N 的车，则在大缸上产生（**B**）N 的力。

（A）100；（B）1000；（C）10；（D）500。

Je5A4219 翻车机主体平台上的钢轨与基础上钢轨两端

头之间的高度差不大于（**C**）mm。

（A）10；（B）6；（C）5；（D）3。

Je5A5220 门式滚轮堆取料机滚轮行走机构的行走轮，在使用过程中滚动面易发生剥离，当剥离面积大于（**D**）cm^2，深度大于 **3mm** 时，应给予加工修复。

（A）10；（B）6；（C）4；（D）2。

Je4A1221 在油管路中钢管的弯曲半径至少不小于外径的（**C**）倍。

（A）5；（B）4；（C）3；（D）2。

Je4A1222 在装卸桥检修中，当车轮轮缘磨损超过（**B**）**mm** 时，应更换为新轮。

（A）5；（B）10；（C）15；（D）20。

Je4A1223 MY_1 液压电磁铁在安装过程中，电磁铁应垂直放置，与铅垂线的倾角不得大于（**A**）。

（A）5°；（B）10°；（C）15°；（D）20°。

Je4A1224 液压缓冲器用油在配比时，是以（**D**）作为基础油。

（A）液压油；（B）变压器油；（C）机械油；（D）透平油。

Je4A2225 齿轮减速器在运行中有不均匀的声响，其原因是（**C**）。

（A）断点；（B）内部有杂物；（C）齿轮径向跳动；（D）负荷过大。

Je4A2226 蜗杆的磨损一般不超过原螺牙厚度的（**B**）。

（A）20%；（B）25%；（C）30%；（D）35%。

Je4A2227 齿轮油泵齿顶和箱体内孔之间的间隙在（**B**）mm。

（A）0.05～0.07；（B）0.15～0.20；（C）0.30～0.40；（D）0.50～0.70。

Je4A2228 油电动机检修中，涨圈不得有损伤及棱角，装配时，相邻两涨圈的开口位置应相错（**D**）。

（A）60°；（B）90°；（C）120°；（D）180°。

Je4A2229 装卸桥检修中，当钢丝绳断股、打结时，应停止使用，断丝数在一捻节距内超过总数的（**B**）时，应予以更换。

（A）5%；（B）10%；（C）15%；（D）20%。

Je4A2230 装卸桥检修后，应大车不啃道，即车轮轮缘与轨道没有挤压磨损，两者至少应留有（**C**）mm 的间隙。

（A）0.5～1；（B）1～2；（C）2～3；（D）3～4。

Je4A2231 推煤机检修后，变速箱各挡的变换应轻便、灵活；运行中无异常的响声及敲击声；主离合器接合时，（**B**）保证不跳挡。

（A）传动机构；（B）自锁机构；（C）制动机构；（D）转向机构。

Je4A3232 热装轴承时（滚动轴承），用热油加热，其油温不得超过（**C**）。

（A）60°；（B）80°；（C）100°；（D）120°。

Je4A3233 滑动轴承与轴孔配合间隙为（**C**）。

（A）顶部间隙等于侧面间隙；（B）顶部间隙等于侧面间隙的一半；（C）顶部间隙等于侧面间隙的 2 倍；（D）顶部间隙等于侧面间隙的 2.5 倍。

Je4A3234 轴瓦的侧隙要求为顶隙的（**A**）倍。

（A）1/2；（B）1/3；（C）1/4；（D）2。

Je4A3235 磨损是开式齿轮传动的主要破坏形式，一般允许齿厚的磨损量不超过原厚的（**B**）。

（A）15%；（B）25%；（C）35%；（D）45%。

Je4A3236 斗轮机俯仰液压缸检修中，皮碗和缸体的紧力不可过大，以皮碗套在压盖上能（**B**）缸筒为宜。

（A）用锤打入；（B）用力推入；（C）加热推入；（D）其他机械力顶入。

Je4A3237 T140−1 推煤机的发动机缸体不得有裂纹，焊修或环氧树脂修复的气缸应进行水压试验，试验要求在（**C**）MPa 下 5min 内无渗漏现象。

（A）0.1～0.2；（B）0.2～0.3；（C）0.3～0.4；（D）0.4～0.5。

Je4A4238 圆柱齿轮减速器的轴承孔中心线与基座孔端面的垂直度不大于（**B**）mm。

（A）0.05；（B）0.10；（C）0.15；（D）0.20。

Je4A4239 检修中，轴瓦的轴向窜动一般为（**B**）mm。

（A）0.05～0.10；（B）0.10～0.20；（C）0.20～0.30；（D）0.30～0.40。

Je4A4240 翻车机定位传动齿轮与齿条的啮合间隙（侧隙）应保证在（**A**）mm。

（A）0.5～1；（B）1～1.2；（C）1.2～1.5；（D）1.5～2。

Je4A4241 从轴上拆卸联轴器应使用专用工具进行，必要时可用火焰加热到（**C**）℃左右。

（A）150；（B）200；（C）250；（D）300。

Je4A4242 底开车制动缸活塞行程（**C**）时，制动缸空间大，空气压力降低，使制动力变小，造成轴瓦与车轮的间隙增大，降低制动效果。

（A）速度快；（B）速度慢；（C）过长；（D）过短。

Je4A4243 底开车制动缸活塞行程（**D**）时，制动缸空间变小，空气压力增大，使制动力变大，轴瓦与车轮间隙过大，从而增加轴瓦与轮的磨损。

（A）速度快；（B）速度慢；（C）过长；（D）过短。

Je3A1244 10m 长的 P24 钢轨，其质量是（**B**）kg。

（A）100；（B）240；（C）300；（D）360。

Je3A1245 推土机每运转（**C**）h 或柴油消耗达 4000kg 时，须进行二级技术保养。

（A）340；（B）300；（C）240；（D）200。

Je3A2246 每对皮带轮或链轮的主动轴和从动轴的不平行度应小于（**B**）mm/m。

（A）0.3；（B）0.5；（C）0.7；（D）1。

Je3A2247 当两个相互啮合的渐开线齿轮的中心距发生

变化时，齿轮的瞬时传动比将（**B**）。

（A）变大；（B）不变；（C）变小；（D）不一定。

Je3A3248　悬臂式堆取料机行走机构检修中，车轮对轨道中垂面的偏差应小于（**A**）mm。

（A）2；（B）3；（C）4；（D）5。

Je3A3249　悬臂式堆取料机取料机构检修中，流煤板与斗轮间的间隙应不大于（**B**）mm。

（A）20；（B）30；（C）50；（D）100。

Je3A3250　已知齿轮齿顶圆直径为 d_a，齿根圆直径为 d_f，分度圆直径为 d，齿数为 Z，则模数 $m =$（**C**）。

（A）d_a/Z；（B）d_f/Z；（C）d/Z；（D）Z/d。

Je3A3251　翻车机大齿圈与传动小齿轮相啮合时，其齿侧间隙应保持在（**C**）mm 左右。

（A）0.5；（B）1；（C）2；（D）3。

Je3A3252　翻车机试运行时，应首先进行（**B**）试验。

（A）部分；（B）空载；（C）空车；（D）重车。

Je3A3253　设备安装中，一组垫铁数量一般不超过（**B**）块。

（A）2；（B）3；（C）4；（D）5。

Je3A4254　门式堆取料机大车行走机构检修中，调整行走制动器，当松开抱闸时，闸瓦与制动轮的间隙在（**D**）mm，并保持均匀。

（A）1～2；（B）0.05～0.10；（C）0.5～0.7；（D）0.7～1。

Je3A4255 在齿轮啮合运动中，已知 $i=5$，大齿轮节圆半径为 r_1，则小齿轮节圆半径 r_2 为（**B**）。

（A）$5r_1$；（B）$1/5r_1$；（C）$1/2r_1$；（D）$1/4r_1$。

Je3A4256 胶带胶接中采用热硫化工艺，硫化温度一般为（**C**）℃。

（A）80；（B）120；（C）145；（D）175。

Je3A5257 制动器在调整时（**A**）。

（A）弹簧的压力应小于推杆的推力；（B）弹簧的压力应等于推杆的推力；（C）弹簧的压力应大于推杆的推力；（D）弹簧的压力与推杆的推力无关。

Je3A5258 悬臂式堆取料机行走机构检修中，同一钢轨上的车轮组应于同一平面内，与轨道纵向铅垂面重合，偏差不应大于车轮直径的（**C**）。

（A）0.1%；（B）0.5%；（C）0.05%；（D）0.01%。

Je3A5259 翻车机转子圆盘水平中心线两端高度差应小于（**D**）mm。

（A）10；（B）5；（C）3；（D）2。

Je3A5260 采用局部加热法直轴时，要使加热部位的温度达到（**D**）℃，即显现出暗桃红色。

（A）300～400；（B）400～500；（C）500～600；（D）600～700。

Je3A5261 设备安装中，基础要找平直，至垫铁与基础接触面积达（**C**）以上方为合格。

（A）40%；（B）50%；（C）70%；（D）90%。

Je2A2262 某多级减速器各级速比 $i_1 = 2$、$i_2 = 3$、$i_3 = 4$、$i_4 = 3$，则总速比（**B**）。

（A）$i = i_1 + i_2 + i_3 + i_4 = 12$；（B）$i = i_1 \times i_2 \times i_3 \times i_4 = 72$；（C）$i = 3 (i_1 + i_2 + i_3 + i_4) = 48$；（D）不能求得。

Je2A2263 斗轮堆取料机液压油系统安装后，其严密性试验的试验压力为工作压力的（**B**）倍。

（A）1；（B）1.5；（C）2；（D）2.5。

Je2A3264 胶带黏接各台阶等分的不均匀度为（**B**）。

（A）小于 0.5mm；（B）小于 1mm；（C）1～2mm；（D）可以大于 2mm。

Je3A4265 斗轮堆取料机液压系统调试前应向油泵、油电动机达内灌（**D**）油。

（A）1/3；（B）1/2；（C）2/3；（D）满。

Je2A4266 轴向柱塞泵柱塞与缸体柱塞孔的间隙在（**A**）mm。

（A）0.02～0.03；（B）0.05～0.10；（C）0.10～0.15；（D）0.15～0.20。

Je2A4267 输煤胶带机胶带接口的每个阶梯长度不小于（**A**）mm。

（A）50；（B）100；（C）150；（D）200。

Je2A4268 如果齿轮齿数为奇数时，那么通过测量可（**B**）求出齿顶圆直径。

（A）直接；（B）间接；（C）不能；（D）无法测量。

Je2A5269 当卸船机抓斗被提升到离地面（**B**）m 时，将抓斗操作手柄回"零"，抓斗停止上升，确认抓斗升降制动器动作可靠。

（A）1；（B）2；（C）2.5；（D）3。

Je2A5270 检修门式堆取料机轨道时，在同一端面上，两侧轨道面高度差为（**A**）。

（A）小于 10mm；（B）小于 15mm；（C）小于 20mm；（D）不允许有误差。

Je2A5271 检修大型堆取料机轨道时，其坡度允许为（**C**）。

（A）小于 0.1%；（B）不小于 0.5%；（C）不大于 0.2%；（D）不允许有误差。

Je2A5272 采用应力松弛法直轴时，是在轴的最大弯曲部分的这个圆周上加热到（**D**）℃。

（A）300～400；（B）400～500；（C）500～600；（D）600～700。

Je1A2273 两齿轮啮合运动，$Z_1 = 30$、$Z_2 = 10$，若 $\omega_1 = 57rad/s$，则 ω_2 为（**A**）rad/s。

（A）171；（B）10；（C）38；（D）5。

Je1A3274 DQ3025 型斗轮机只有在补油压力达到（**C**）MPa 时，才能启动 ZB－SV40 和 ZB732 主油泵。

（A）0.8～1.0；（B）0.8～1.1；（C）0.9～1.21；（D）1～1.2。

Je1A3275 齿轮传动中，对于较软的齿面，由于过载，线摩擦系数过大，可使齿面产生（**B**）现象。

（A）磨损；（B）塑性变形；（C）断点；（D）胶合。

Je1A3276 悬臂式堆取料机变幅机构检修中，位于门柱两侧的胶座不同心度不大于（**A**）。

（A）0.1%；（B）0.5%；（C）1%；（D）5%。

Je1A4277 装卸桥设备安装中，两平行轨道的接头位置应错开一定距离，一般为（**D**）mm 以上，但不应等于大车轮的轮距。

（A）150；（B）200；（C）350；（D）500。

Je1A4278 悬臂式堆取料机变幅机构检修中，变幅轴和轴线的垂直度偏差值不大于（**C**）。

（A）1%；（B）5%；（C）1‰；（D）5‰。

Je1A5279 悬臂式堆取料机安装中，回转轴承对门座架中心的位置偏差不得大于（**B**）mm。

（A）2；（B）5；（C）10；（D）20。

Jf5A1280 在金属容器内使用电气工具时，应使用（**D**）V 及以下的电气工具，否则应制订出特殊的安全措施。

（A）220；（B）110；（C）36；（D）24。

Jf5A1281 在地下维护室内进行巡视、检修或维护工作时，不得少于（**A**）人。

（A）2；（B）3；（C）4；（D）5。

Jf5A2282 扑救可能产生有毒气体的火灾时，扑救人员应使用（**A**）式消防空气呼吸器。

（A）正压；（B）负压；（C）低压；（D）高压。

Jf5A3283 三脚架在使用时每根的支点与地面夹角应不

少于（**D**）。

（A）30°；（B）40°；（C）50°；（D）60°。

Jf5A3284 沟道或井下的温度超过（**C**）℃时，不准进行工作。

（A）30（B）40；（C）50；（D）60。

Jf5A4285 燃料检修车间电动葫芦起吊重物时，选用钢丝绳的安全系数是（**D**）。

（A）2~3；（B）3~4；（C）4~5；（D）5~6。

Jf5A4286 用来专做固定安全带的绳索应在再次使用前进行检查，6 个月做一次定期试验，试验是以静负荷重 **225kg** 悬吊（**D**）**min**，如有损坏或变形，则不许使用。

（A）20；（B）15；（C）10；（D）5。

Jf4A1287 工作中电气工具的电线不准接触（**C**），不要放在地上，并避免载重车辆和重物压在电线上。

（A）物体；（B）导体；（C）热体；（D）冷体。

Jf4A2288 遇油类着火，应用（**A**）扑救效果最好。

（A）泡沫灭火器；（B）二氧化碳灭火器；（C）干粉灭火器；（D）1211 灭火器。

Jf4A2289 在使用安全带过程中，不宜接触（**D**）℃以上的物体、锐角坚硬物质和明火酸类等化学药品。

（A）80；（B）90；（C）100；（D）120。

Jf4A2290 工人砸煤时应戴（**C**），砸煤时要注意站的位置，以防跌倒伤人。

（A）防尘帽；（B）手套；（C）防护眼镜；（D）安全帽。

Jf4A3291 在梯子上工作时，工作人员必须登在距离梯顶不少于（**D**）mm 的梯蹬上工作。

（A）300；（B）500；（C）800；（D）1000。

Jf3A3292 卷扬机在运转中禁止修理和调试其（**A**）部分。

（A）转动；（B）重物；（C）被起吊物；（D）底座。

Jf3A3293 所有转动机械检修后的试运操作，均由（**C**）根据检修工作负责人的要求进行，检修工作人员不准自己进行试运行操作。

（A）分厂领导；（B）工作负责人；（C）运行值班人；（D）检修工作人员。

Jf3A4294 环绳及绳环必须经过（**C**）倍允许工作荷重的静力试验合格后方可使用。

（A）1；（B）1.25；（C）1.5；（D）2。

Jf2A2295 在工作票中对工作负有安全责任的有（**B**）。

（A）分厂主任；（B）工作负责人；（C）分厂安全员；（D）运行班长。

Jf2A2296 电焊工作时，接到焊钳一端的导线至少有（**C**）m 为绝缘软导线。

（A）3；（B）4；（C）5；（D）2。

Jf2A4297 尽量采用先进工艺和新技术、新方法，积极推广新材料、新工具，提高工作效率，（**D**）检修工期。

（A）保证；（B）实现；（C）延长；（D）缩短。

Jf1A2298 100kW 及以上的异步电动机，允许在冷态下连续启动（**B**）次。

（A）1；（B）2；（C）3；（D）4。

Jf1A3299 安装设备应按规定随设备提供出厂合格证明和零部件清单，如无上述资料，应向（**A**）索取。

（A）供应部门；（B）质量部门；（C）工程部门；（D）施工单位。

Jf1A4300 可以用（**B**）法分析产生某种质量缺陷的所有可能原因。

（A）排列图；（B）因果分析图；（C）控制图；（D）对策表。

4.1.2　判断题

判断下列描述是否正确，对的在括号内打"√"，错的在括号内打"×"。

La5B1001　碳是影响材料机械性能的元素。（√）

La5B1002　孔或轴的最大尺寸与最小尺寸之差称为公差。（√）

La5B1003　俯视图是按从工件上面看到的形状绘制出的图形，表示长度和宽度。（√）

La5B1004　构件承受外力时，抵抗破坏的能力称为强度。（√）

La5B1005　含碳量大于 2.11% 的铁碳合金称为铸铁。（√）

La5B2006　A3 钢比灰铸铁塑性好。（√）

La5B2007　一根杆件横截面尺寸相同，则无论何时正应力值一定相同。（×）

La5B3008　齿轮的分度圆大小与齿数无关。（×）

La5B3009　粗牙螺纹比细牙螺纹的自锁性好。（×）

La5B4010　机构是由机器组成的。（×）

La4B1011　分度圆上周节对π的比值为模数。（√）

La4B1012　弹性极限等于比例极限。（×）

La4B1013　塑性材料的破坏是以发生断裂为标志的。（×）

La4B1014　安全系数越趋于 1，则许用应力越趋于极限应力。（√）

La4B1015　强度是指材料受力时，抗塑性变形或破坏的能力。（√）

La4B2016　金属在塑性变形过程中发生硬度、强度提高的现象称为加工硬化。（√）

La4B2017　由于弯曲变形而引起的内应力和弯曲处的冷作硬化，只可用回火的方法来去除。（×）

La4B2018 圆轴扭转时截面只有正应力。（×）

La4B2019 模数是齿轮抗弯能力的重要标志。（√）

La4B2020 在摩擦面受到冲击负荷时，所有润滑剂都具有减振作用。（√）

La4B2021 机器零件一般都可以看作是由一些简单的基本几何体组成的。（√）

La4B3022 临界力是判断压杆失稳的依据。（√）

La4B3023 黏度是液压油的主要参数，黏度大，油液阻力大，推动液压元件就费劲；黏度小，容易泄漏。（√）

La4B4024 构件是由一个单一的整体或几个零件组成的刚性联结。（√）

La3B1025 设计给定的尺寸就是实际尺寸。（×）

La3B1026 设计制图中的公差与偏差是两个完全相同的概念。（×）

La3B2027 锥度和斜度在零件图上的含义是一样的，即锥度 1:10 等于斜度 1:10。（×）

La3B2028 液压传动机械是根据帕斯卡定律的原理制成的。（√）

La3B2029 齿轮传动中，传动比是恒定的。（√）

La3B2030 材料断裂或产生较大塑性变形时的应力叫做材料的许用应力。（×）

La3B3031 刚度是指构件在载荷作用下抵抗变形的能力。（√）

La3B3032 油泵在能量转换过程中，有一定的能量损耗。（×）

La3B3033 分度圆是个理论圆，作为齿轮计算和加工的基准，可以直接测量出来。（×）

La3B3034 极限应力与许用应力的比值称为安全系数。（√）

La3B4035 齿轮的疲劳点蚀是由齿面化学腐蚀造成的。

（×）

La3B5036 变质处理是在液态金属结晶前有意地加入某种元素，以获得细小晶粒的操作。（√）

La2B2037 齿轮周节是个无理数。（√）

La2B2038 三角带的内周长为公称长度，也称名义尺寸。（√）

La2B3039 心轴受扭转作用，受力是扭矩。（×）

La2B4040 键连接的许用挤压应力值决定了连接型式（不动或可动）、载荷性质及材料。（√）

La2B4041 构件承受外力时能在原有的几何形状下保持平衡状态的能力叫做稳定性。（√）

La2B5042 国标规定外螺纹的基本偏差是下偏差 e_i，内螺纹的基本偏差是上偏差 E_s。（×）

La1B2043 三角形的重心，就是三角形 3 个内角平分线的交点。（×）

La1B3044 零件的表面质量是指表面粗糙度、表面层金属的金相组织状态、物理机械性能等。（√）

Lb5B1045 润滑脂是具有密封作用的润滑剂。（×）

Lb5B1046 滚动轴承润滑油加入量不能超过油腔容积的 2/3。（√）

Lb5B1047 正投影的机械图是有立体感的。（×）

Lb5B1048 锉刀是由普通碳素钢制成，并经淬硬的一种切削刀具（×）

Lb5B1049 由于用途及要求不同，铆接分为活动铆接和固定铆接。（×）

Lb5B1050 转子式翻车机是我国目前唯一的大型机械卸煤装置。（×）

Lb5B1051 折返式卸车线没有迁车台设备。（×）

Lb5B1052 摘钩平台是用来使车辆相互摘钩，并使车辆溜入翻车机的设备。（√）

Lb5B1053　推土机油箱盖上的通气孔应保持畅通。（√）

Lb5B2054　按照液流循环方式不同，液压系统可分为开式和闭式两种。（√）

Lb5B2055　工具钢淬火的目的是为了提高硬度。（√）

Lb5B2056　对弹性柱销联轴器，当非金属材料制成的柱销损坏后，可用相同直径的金属棒销式螺栓代替。（×）

Lb5B2057　翻车机的几组夹具可分别适合车辆因创伤而造成的高低不平。（×）

Lb5B2058　翻车机卸煤对破碎的煤块几何尺寸不应大于300mm × 300mm。（√）

Lb5B2059　空车调车设备包括空车铁牛、迁车台和空车调车机等。（√）

Lb5B2060　侧倾式翻车机是被翻卸的车辆中心与翻车机的回转中心相重合，将重物翻卸到一侧的料斗中。（×）

Lb5B2061　螺旋卸车机的头数为 3 头。（√）

Lb5B2062　DQ8030 型斗轮堆取料机，其中，30 表示取料能力为 300t/h，80 表示堆料能力为 800t/h。（×）

Lb5B2063　根据制动器结构及动力的不同，可分为脚闸、电闸、液压闸。（√）

Lb5B3064　重车铁牛按其布置和使用形式可分为前牵式和后推式两种类型。（√）

Lb5B3065　重车调车机可用来替代重车铁牛和迁车台设备。（×）

Lb5B3066　空车调车机可替代迁车台上的推车器和空车铁牛设备。（√）

Lb5B3067　流量控制阀最小流量调节范围为公称流量的30%。（×）

Lb5B3068　柴油机的用油是根据柴油机性能来选择的。（×）

Lb5B4069　DQ4022 型斗轮堆取料机上下俯仰动作是由电

动机带动齿轮油泵，通过双作用油缸来实现的。（×）

Lb5B4070 一般卷扬滚筒绳槽半径 r＝（0.53～0.6）d（d 为钢丝直径），槽深 C＝（0.25～0.4）d，节距 t＝d＋（2～4）mm。（√）

Lb5B4071 柴油机喷油泵供油量的多少,取决于柱塞与柱塞套配合程度。（×）

Lb4B1072 铆钉材料应具有良好的韧性和较高的延展性。（√）

Lb4B1073 齿轮传动中，$z_1/z_2＝n_1/n_2$。（×）

Lb4B1074 气动底开车卸煤要比机械卸煤经济。（√）

Lb4B1075 开式齿轮传动装置的优点是结构简单、检修方便、布置紧凑。（√）

Lb4B1076 液压系统压力超过溢流阀调整压力时,溢流阀主阀关闭。（×）

Lb4B1077 铲车行车换挡或改变行车方向是由变矩器来实现的。（×）

Lb4B1078 斗轮堆取料机悬臂梁的俯仰动作由装于转盘上的两个双作用油缸来实现。（√）

Lb4B2079 钢丝绳驱动结构所用的滑轮，使用滑动轴承要比使用滚动轴承便于维护。（√）

Lb4B2080 转子式翻车机的定位装置安装在平台进车端。（×）

Lb4B2081 长颈地面前牵式重车能制动整列车辆。（×）

Lb4B2082 在迁车台的单向定位器与双向定位器之间的位置上正好可以停放车辆的前两组轮对。（×）

Lb4B2083 齿轮啮合中，齿顶间隙为齿轮模数的 0.25 倍。（√）

Lb4B2084 液压缸在系统中与换向阀相配合进行工作。（√）

Lb4B2085 径向柱塞电动机适用于大扭矩、高转速的工作

场合。（×）

Lb4B2086 铲车的转向速度随转向泵的流量而变化,转向泵流量与其转速成正比。（×）

Lb4B2087 推土机最终传动装置内的齿轮和轴承是靠齿轮搅动飞溅油来润滑的。（×）

Lb4B3088 为了提高门式堆取料机的出力,可以无限增大斗轮回转速度。（×）

Lb4B3089 重车定位机的导向轮可通过定位机推车时产生的转矩,以及转矩对导向轨道的反作用,来保证定位机在轨道上的正常行驶。（√）

Lb4B3090 油管路内径过大,不但安装困难,而且管路布置所需空间大,费用也高。（√）

Lb4B3091 柴油机的功率大小是由发动机的活塞直径决定的。（×）

Lb4B3092 齿轮的承载能力不仅取决于其体积强度,还取决于其表面的接触强度。（√）

Lb4B3093 液压系统中溢流阀是用来控制系统流量的。（×）

Lb4B4094 液力耦合器是为了减少电动机的启动电流和起过载保护的作用。（√）

Lb4B4095 液压系统中,油管内径过小,则油液在管路中产生紊流,压力损失增加,油温升高,甚至产生振动和噪声。（√）

Lb3B1096 减速器油面指示器油位正常,说明减速器出现故障与润滑无关。（×）

Lb3B1097 钢材中一般含有一定量的碳,由于碳是非金属元素,故不能称为铁碳合金。（×）

Lb3B1098 斗轮堆取料机多安装在条形煤场上。（√）

Lb3B2099 三角带传动中,小轮包角越大,其产生的摩擦力也越大,因此传动的承载能力也越大。（√）

Lb3B2100 楔键仅适用于定心精度要求不高、载荷平稳和低速的联结。(×)

Lb3B2101 空车已完全离开迁车台，并已进入空车线时，迁车台才可返回。(√)

Lb3B3102 齿轮全齿高等于 1.25 倍模数。(×)

Lb3B3103 齿轮表面抗点蚀能力主要与齿面硬度有关，齿面硬度越高，则抗点蚀能力越高。(√)

Lb3B3104 零件图上常用的尺寸基准有面基准、线基准、点基准。(√)

Lb3B3105 钢退火的目的是使组织细化，降低硬度，改进切削性能。(√)

Lb3B3106 直齿圆柱齿轮传动比斜齿圆柱齿轮平稳。(×)

Lb3B3107 开式斗轮的斗间不分格，靠侧挡板和导煤槽卸料。(√)

Lb3B3108 使用电动滚筒工作环境好，检修容易，不易发生故障。(×)

Lb3B3109 在电厂的储煤场中，一般都选择推煤机作为辅助作业机械。(√)

Lb3B3110 MDQ900/1200.50 型堆取料机斗轮旋转采用双驱动。(√)

Lb3B3111 MDQ900/1200.50 型堆取料机，尾车是地面系统皮带机与机上皮带机的连接桥梁。(√)

Lb3B4112 斗轮堆取料机斗轮回转角度范围的大小，不影响斗轮堆取料机的运行灵活性和出力。(×)

Lb3B4113 装卸桥对气候条件适应性好。(×)

Lb3B5114 人字齿轮实质上是两个尺寸相等而齿方向相反的斜齿组合，其轴向力可抵消。(√)

Lb3B5115 装卸桥的金属结构质量占其总质量的 80%~85%。(√)

Lb3B5116 轴向柱塞油马达的扭矩较小，转速较低，适用

于低扭矩、高转速的工作场合。（√）

Lb2B1117 单头螺纹的螺距与导程应相等。（√）

Lb2B1118 对于标准齿轮来说，齿厚与齿间间距相等的那个圆叫分度圆。（√）

Lb2B1119 齿轮泵的效率较高，工作压力较大。（×）

Lb2B2120 堆取料机用液压缸来控制变幅，其结构较钢丝绳变幅机构笨重。（√）

Lb2B3121 圆弧齿轮的承载能力强，运转平稳，但要求加工精度高。（√）

Lb2B3122 液压系统用油最基本的要求是油要有适当的黏度，但在温度变化时，油的黏度变化要小。（√）

Lb2B3123 如果装卸桥只用于煤场，则可以采用大容积抓斗，其生产效率可以大大提高。（√）

Lb2B3124 装卸桥设备的缺点是：结构自重大，造价高，电耗大，不便于实现自动化。（√）

Lb2B4125 斜齿圆柱齿轮的优点是产生轴向力。（×）

Lb2B4126 蜗杆传动不适合大功率连续工作的场合。（√）

Lb1B1127 推煤机燃油滤清器的作用是清除燃油中混入的杂质。（√）

Lb1B2128 开式斗轮适用于电厂燃料系统中取煤使用，闭式斗轮同开式斗轮一样，同样适用于电厂。（×）

Lb1B2129 喷油泵运行一定时间（1000h）或检修、回装完毕后，必须进行调整。（√）

Lb1B3130 MDQ900/1200.50型堆取料机，由于前后驱动台车组的布置呈四角驱动状态，因此能够改善大车两侧不同步的状况。（√）

Lb1B4131 对于悬臂式堆取料机，一定的臂长，确定了一定的取料范围。反过来讲，一定的取料范围，也就确定了一定的臂长。（√）

Lc5B1132 工厂中常用的铜线、铝线，是因为电阻系数小，

因此被广泛作为导线采用。（√）

Lc5B2133 火是可燃物质的燃烧。着火必须同时具备三个条件才能发生，即要有可燃烧的物质，要有助燃的物质，要有火源。（√）

Lc5B3134 从能量转换关系上说，发电厂的电力生产过程也是一个有燃料的化学能转变为电能的过程。（√）

Lc4B1135 火力发电厂的汽轮机将热能转变为机械能，发电机将机械能转变电能。（√）

Lc4B2136 1kg 的煤在完全燃烧时所产生的热量，叫做煤的最大发热量。（√）

Lc4B3137 一切防火措施，都是为了破坏已经产生的燃烧条件。（×）

Lc3B3138 在电路中，任意两点之间的电位差称为这两点的电压，在电阻不变的情况下，电压越大，电流也越大。（√）

Lc3B3139 1211 灭火器是一种储压式液化气体，有手提式和推车式两种。（√）

Lc3B4140 发电量的现行法定计量单位是度。（×）

Lc3B4141 燃料中的含碳量，灰分和挥发分的含量，是衡量燃料质量的重要依据。（√）

Lc3B4142 原油的凝固点与闪点很接近，因此要特别注意安全防火。（√）

Lc3B5143 乙炔发生器距明火或焊接场地至少 5m。（×）

Lc2B2144 高处作业中，不准将工具和材料互相投掷。（√）

Lc2B3145 齿轮表面淬火，是为了提高接触强度和耐磨性。（√）

Lc2B3146 煤粉尘的爆炸下限为 $214.0g/m^3$。（×）

Lc1B2147 浸没在液体中的物体所受到浮力的大小等于物体所排开同体积液体的质量。（√）

Lc1B3148 设备管理应当包括设备运行中的全部管理工

作。（√）

Jd5B1149 锯扁钢时，为了得到整齐的缝口，应从扁钢较窄的面上锯。（×）

Jd5B1150 使用砂轮机时，应站在其正面。（×）

Jd5B1151 锯割前，安装锯条不可过紧或过松。（√）

Jd5B1152 在台钻上钻孔时，必须戴手套，以防切屑伤手。（×）

Jd5B1153 锯工件时，利用锯条的中间位置，靠在一个面的棱边上起锯。（×）

Jd5B1154 在台虎钳上锉工件表面，在装夹工件时，工件应略高于钳口。（√）

Jd5B1155 机械制图的视图画法，采用正投影法。（√）

Jd5B1156 滚动轴承内的润滑脂，填得越多越好。（×）

Jd5B2157 锉削时工件夹持得越紧越好。（×）

Jd5B2158 钻孔时，在将要钻穿时，必须减少进给量。（√）

Jd5B2159 在钻床上钻孔时，不能两人同时操作。（√）

Jd5B2160 使用工具前应进行检查，不完全的工具不准使用。（√）

Jd5B3161 滚动轴承正常运转的声音应是轻微均匀的。（√）

Jd4B1162 在钻床上钻孔时，为保证钻孔的精度，必须一次性钻完。（×）

Jd4B1163 划针用完后应套上细塑料管，不允许露出针尖，以防伤人。（√）

Jd4B1164 可以在精加工后的工件表面上打冲样。（×）

Jd4B1165 锤柄可用大木料劈开制作。（×）

Jd4B1166 在砂轮上磨錾子时，不可压力过大、过猛。（√）

Jd4B1167 在齿轮传动中，齿宽越大越好。（×）

Jd4B2168 给滚动轴承注甘油时，注入量不能超过油腔容积的 2/3。（√）

Jd4B2169 使用塞尺测间隙一般不精确。（√）

Jd4B2170 用电烙铁时，必须检查有无漏电；焊接过程中，电烙铁不可过热。（√）

Jd4B2171 锉削工件时，不准用嘴吹锉屑，也不准用手直接清除锉屑。（√）

Jd4B2172 使用划针和钢板尺划线时，划针与工件表面垂直状况划线最佳。（√）

Jd4B2173 螺纹规是用来测量螺栓螺纹导程的。（×）

Jd4B3174 轴与轴承组装时，外圈与箱体的配合采用基轴制，内圈与轴的配合采用基孔制。（√）

Jd4B3175 使用内径千分尺测量直径时，以最大读值为准。（√）

Jd4B3176 滚动轴承的滚动体和内外圈之间没有间隙。（×）

Jd4B4177 万能角度尺可以测量 0°～360° 的任何角度。（×）

Jd3B2178 粗刮时，刮刀的端部要平，刀迹要宽，一般应在 6mm 左右。（×）

Jd3B2179 一般钢中的含碳量越高，磨削时，火花越多，火束越短。（√）

Jd3B3180 钻小孔时转速快些，走刀量小些；钻大孔时，转速慢些，走刀量适当大些。（√）

Jd3B3181 滚动轴承装配时，外圈与箱体的配合采用基孔制，而内圈与轴的配合采用基轴制。（×）

Jd3B5182 检查锉削平面的平面质量，可采用透光法和研磨法。（√）

Jd2B1183 在攻丝、套丝中，工件无需倒角，直接进行便可。（×）

Jd2B2184 钻硬质材料时，转速要慢些，走刀量小些。（√）

Jd2B4185 检验刮削平面度时，可用 200mm 长的方形水

平仪进行检验。(√)

Jd1B2186 只有当齿轮齿数 z 为偶数时，方能用游标卡尺直接测量出齿顶直径 d。(√)

Jd1B3187 可用一个250mm × 250mm的特制方形框来检验刮削面的平面度。(×)

Je5B1188 减速机的油位应控制在低油位以下。(×)

Je5B1189 制动器闸瓦的磨损超限，铆钉与制动轮发生摩擦时，应及时修整闸瓦。(×)

Je5B1190 失去弹性的胶圈要重新更换。(√)

Je5B1191 两串联轴体的连接螺栓孔磨损严重时，运行中会发生跳动，甚至将螺栓切开。(√)

Je5B1192 对压装配件的表面，装配前应涂上润滑油。(√)

Je5B1193 如发现减速机上下接合面以及高低速轴处有漏油现象，应及时开盖重新进行密封处理。(√)

Je5B1194 如发现制动器闸瓦磨损超过标准，应立即修补闸瓦。(×)

Je5B1195 减速机运行中，齿轮啮合应平稳，无异常声音。(√)

Je5B1196 若发现底开车储风筒不进风，应首先对系统进行检查，及时处理管路及接头的损坏和泄漏缺陷。(√)

Je5B1197 螺旋卸车机的维护中，由专人每周一次地往套筒滚子链条上滴油润滑。(√)

Je5B2198 定位器方钢与其铁靴套的活动距离应保持在5～10mm。(√)

Je5B2199 斗轮堆取料机中，交叉滚子轴承油道应畅通，如果黄油硬化堵塞，应更换黄油并疏通。(√)

Je5B2200 检修时可以在零部件的工作面上做好标记，以防装配时装错。(×)

Je5B2201 滑轮槽对称中心线偏差应不小于 0.5mm。(×)

Je5B2202 拆卸推土机时，拆卸前须充分看清各部件的装配情况，前后、左右、上下的连接部分，弄清拆卸的程序。（√）

Je5B2203 在翻车机金属构架检修维护中，要检查焊接件有无开焊，铆接件的铆钉是否固紧，螺栓连接件的螺栓有无松动现象。（√）

Je5B2204 螺旋卸车机检修或维护中，检查各主梁、端梁、活动梁及平台是否有严重变形及开焊、断裂，发现问题及时更换。（×）

Je5B2205 齿轮传动应平稳，无冲击和碰撞现象。（√）

Je5B3206 检修中，如发现定位器铁靴止挡弹簧拉力达不到要求或两侧弹簧拉力不均匀时，应及时更换或调整。（√）

Je5B3207 如发现齿轮的轮齿厚度已经小于原点厚度的80%，则应更换齿轮。（√）

Je5B3208 斗轮堆取料机检修后，其轨道平直度应在1/500 以内。（×）

Je5B3209 制动器打开时，制动器闸瓦与制动轮的间隙应保持在 0.8～1mm。（√）

Je5B3210 装卸桥在紧急情况下允许配异形键来解决临时的故障，但在检修中一定要重新处理。（√）

Je5B3211 检修中，同一台柴油机中各活塞的质量差不大于 10g。（√）

Je5B3212 安装活塞环时，活塞环在活塞上的开口应对齐，在环槽内无卡滞现象。（×）

Je5B3213 装配推煤机时，对不需要调整的联杆长度，应保证与拆前的长度一致。（√）

Je5B3214 对翻车机底梁上的液压缓冲器，要定期进行检查、加油，必要时调整其阻尼销，以确保平台对底梁的冲击力得到缓解。（√）

Je5B3215 如发现底开车的制动缸活塞行程过限，可通过调整上拉杆和五眼铁的位置来解决。（√）

Je5B3216 如发现传动链松弛度过大，应及时进行校正和调整。（√）

Je5B4217 滑轮的轮辐如发生裂纹，轻微时可进行焊补。焊补前必须把裂纹打磨掉，但不用预热。（×）

Je5B4218 检修后，减速机接合面上的任何地方都不能用0.03mm 的塞尺插入。（√）

Je5B4219 对于各种斗轮堆取料机，机架应每两年除锈刷漆一次，防止因生锈腐蚀而降低强度。（√）

Je5B4220 装卸桥检修中发现铸铁滑轮裂纹，要及时进行修复。（×）

Je5B4221 滑轮槽径向磨损不应超过钢丝绳直径的35%，轮槽壁的磨损不应超过原厚度的30%。（√）

Je5B4222 各卷扬装置卷筒绳槽磨损深度不应超过2mm，卷筒壁厚不应小于原壁厚的85%。（√）

Je5B4223 推土机干式离合器的连接块坏一个换一个。（×）

Je5B4224 减速机运行中，齿轮啮合若出现周期性忽高忽低的声响，应对齿轮工作齿面进行检查，看工作面有无缺陷。（×）

Je5B4225 进行传动轴检修时，除宏观检查外，还可用超声波或磁粉探伤；当发现轴上有裂纹时，应更换新轴。（√）

Je4B1226 蜗轮减速机上盖与机座结合严密，结合面处不准加垫。（√）

Je4B1227 在油管路中，弯曲部分的内外侧不应有明显的波浪形凸凹不平及其他明显的缺陷。（√）

Je4B1228 胶带剥离后打毛是为了清理帆布上的浮胶，以增加黏合剂与帆布的结合力。（√）

Je4B1229 当螺纹连接用在有振动的高速机器上，应采用卡动垫圈或开口销。（√）

Je4B1230 一般输煤机械中的黄油杯的螺扣都应采用圆

柱管螺纹。（√）

Je4B1231 用捻打法直轴简便易行，但直轴后需要热处理。（×）

Je4B1232 给液压系统加油时，不同标号的液压油不允许混合使用。（√）

Je4B1233 安装联轴器或轴承时，应先测量，符合要求后再安装。（√）

Je4B2234 在检修中，装配径向柱塞电动机时，胀圈不得有损伤及棱角，两胀圈开口位置应相错 120°。（×）

Je4B2235 每次拆开液压系统管接头的紫铜垫回装时，必须进行软化处理。（√）

Je4B2236 在装卸桥检修中，滑轮径向磨损不应超过钢丝绳直径的 35%。（√）

Je4B2237 油管路最好平行布置，少交叉布置。（√）

Je4B2238 柴油机放水时，冷却器也应放水。（√）

Je4B2239 若一齿轮模数为 5，节圆直径为 500mm，那么齿数为 100。（√）

Je4B2240 局部加热直轴法，是对轴的凸起部位很快地进行局部加热，以此来消除因局部摩擦引起的弯曲应力。（√）

Je4B2241 轴颈磨损后，可采用打麻点和加紫铜皮的方法来获得过盈配合。（×）

Je4B2242 更换液压元件密封时，螺钉拧得越紧越好。（×）

Je4B3243 液压缸皮碗不得有裂纹及纵向沟槽，磨损量不大于 3mm。（×）

Je4B3244 油缸皮碗和缸体的紧力不可过大，以将皮碗套在缸体上能用力推入为宜。（√）

Je4B3245 在装卸桥检修中，卷筒绳槽磨损大于 2mm 时，应进行补焊，然后进行加工。（√）

Je4B3246 推煤机气缸体检修后，应进行 1～1.5MPa、

10min 的水压试验，应无渗漏。（×）

Je4B3247　链条是标准件，但选择时应注意，链条的链节数应为偶数，而小链轮的节数应为奇数。（√）

Je4B3248　热装轴承时，先把轴承放在 80～100℃的热油里预热 15～20min，然后再安装。（√）

Je4B4249　液压缸检修中，活塞杆的弯曲度应小于 0.03/500，主要工作面的粗糙度在 0.4 以上。（√）

Je4B4250　在装卸桥检修中，当检查轨距偏差大于±8mm，轨道接头处在垂直和水平方向错位超过 1mm 时，可以继续使用。（×）

Je4B4251　装卸桥卷筒横向裂纹只有一处，且长度小于 100mm；纵向裂纹不超过 2 处，且长度小于 100mm；且两裂纹间距在 5 个绳槽以上，可以继续使用。（×）

Je4B4252　发动机相邻气门座之间的间壁上，曾发生裂纹，经焊接后发生裂纹的气缸体应报废。（√）

Je4B4253　推煤机试运时，刹车装置应保证在 20°坡度上能平稳停住。（√）

Je4B4254　吹液压系统的油管路时，可用氧气或压缩空气。（×）

Je3B2255　高压橡胶软管钢丝层数越多，管径越小，耐压力越高。（√）

Je3B2256　液压系统中安装软管时，弯曲处到接头的距离不小于管外径的 5 倍。（×）

Je3B3257　当 1250t/h 桥式卸船机大车转子回路加入一定电阻后，大车行走速度可达到 25m/min。（×）

Je3B3258　用手盘转组装好的机油泵时，应灵活，无卡涩或阻滞现象。（√）

Je3B3259　拆装机油滤清器时，注意将 O 形密封圈及各垫片放正，以免产生漏油现象。（√）

Je3B4260　在液压系统中，高压橡胶软管能吸收液压系统

的冲击和振动，装配方便。（√）

Je3B4261 悬臂式堆取料机行走机构检修中，同一轨道上的车轮组应位于同一平面内，允许偏差应小于 5mm。（×）

Je3B4262 门式堆取料机起升机构检修中，应保证在起升过程中没有卡轨与研磨现象。（√）

Je3B4263 装配发动机活塞销时，可直接用铁锤敲击完成。（×）

Je3B5264 同一装配图中，不同的剖视图、剖面图上，同一零件的剖面线应方向相同，间隔相等。（√）

Je3B5265 对于推煤机柴油机，若不能立即查明故障的原因，可以先运行，待有条件时，再予以查找原因。（×）

Je2B2266 液压系统压力试验的目的，主要是检查回路的漏油情况和耐压强度。（√）

Je2B3267 发动机检修中，当压入气缸套时，应装好密封胶圈，并在胶圈外涂上薄薄的一层煤油。（√）

Je2B4268 当装配图比较复杂，视图较大或较多，分别画在几张图纸上时，同一零件上的剖面符号，应相同。（√）

Je2B4269 发动机活塞连杆组的检修中，新的和用过的连杆瓦都可以互换。（×）

Je2B4270 百分表在使用中，当大指针转 2 周（即小指针移动 2 格）零 7 格时，测量杆活动量为 2.07mm。（√）

Je2B5271 装配发动机活塞销时，可采用加热装配，加热温度为 70～100℃。（√）

Je1B1272 气缸装上机体后，要用读数准确的力矩扳手按顺序对称拧紧螺母。（√）

Je1B3273 装配工艺既要保证各个零件有正确的配合，又要保证它们之间有正确的相对位置。（√）

Je1B4274 堆取料机在正常运行时，车轮轮缘与轨道应保持有一定的间隙，其间隙值为 2～3mm。（×）

Je1B5275 检修好的备用液压油马达，也应将油注满，以

防锈蚀。（√）

Jf5B1276 工作中摆放氧气瓶、乙炔瓶时，两者距离不得小于 5m。（×）

Jf5B1277 如发现有人触电，应立即切断电源，然后进行急救。（√）

Jf5B1278 电气设备着火可用干式灭火器灭火。（√）

Jf5B1279 工作人员在进行登高作业时，必须登在距离梯顶不少于 2m 的梯上工作。（×）

Je5B4280 工作完工后，工作负责人应全面检查并组织清扫整理施工现场，确认无问题后带领工作人员撤离现场。（√）

Jf4B1281 任何人进入生产现场，都必须戴好安全帽。（√）

Jf4B1282 禁止利用任何管道悬吊重物和起重滑车。（√）

Jf4B1283 焊枪点火时，应先开乙炔门再开氧气门立即点火，然后调整火焰。（×）

Jf4B1284 高空作业时，不准将工具和材料互相投掷。（√）

Jf4B2285 如遇电气设备着火，应立即切断电源，然后可用泡沫灭火器灭火。（×）

Jf4B2286 交流电气装置的铭牌上所标出的电压、电流数值都是最大值。（×）

Jf3B1287 可以从停止运行的胶带机上跨越过去。（×）

Jf3B1288 湿手不准去摸任何电压下的电灯开关及其他电气设备，以防止发生危险。（√）

Je3B2289 对于容量较小且没有解冻室的火电厂，当车皮内燃煤解冻较困难时，常采用钻松机破坏冻层。（√）

Jf3B2290 发电厂的转动设备和电气元件着火时，不准使用二氧化碳灭火器和干砂灭火。（×）

Jf3B3291 检修工作要节约原材料，做到合理使用，避免错用、浪费，及时修好替换下来的轮换备品和其他零部件。（√）

Jf3B3292　在电路中的5A的熔丝因设备过负荷而熔断，可以找来一根10A的熔丝装上。（×）

Jf3B4293　如遇有大雾，照明不足，指挥人员看不清各工作地点或起重驾驶员看不清指挥人员时，不准进行起重工作。（√）

Jf3B4294　发现煤斗内有燃着或冒烟的煤时，要立即进入煤斗灭火。（×）

Jf2B1295　检修现场所用电动工具用完后，必须切断电源，几个电动工具可以共用一个隔离开关。（×）

Jf2B2296　电力生产事故，应坚持"四不放过"的原则。（√）

Jf2B3297　质量的三级检验是指施工班自检，工地或车间互检，施工单位会同建设单位代表进行检查验收。（√）

Jf2B5298　工作人员接到领导的指令时，都应无条件地执行。（×）

Jf1B1299　由水路来煤的发电厂其储煤场容量，一般按10～20天的电厂耗煤量考虑。（√）

Jf1B4300　在燃料集控运行中，信号和保护越多越好，只有这样才能最大限度地提高系统的稳定性。（×）

4.1.3 简答题

La5C1001 什么是力的三要素？
答：力的大小、方向和作用点，叫做力的三要素。

La5C1002 润滑的作用是什么？
　答：① 控制摩擦；② 减少磨损；③ 降温冷却；④ 防止摩擦面锈蚀；⑤ 密封；⑥ 传递动力；⑦ 减振。

La5C1003 什么是温度、压强？
　答：温度是物体冷热程度的标志。压强是物体单位面积上所受到的垂直作用力。

La5C1004 零件图的三视图的投影关系是什么？
　答：主视图和俯视图，长对正；主视图和左视图，高平齐；俯视图和左视图，宽相等。

La5C1005 什么叫三视图？
　答：在正投影面、水平投影面和侧投影面三个投影面上的正投影图称三面视图，简称三视图。

La5C2006 根据含碳量，如何区别低碳钢、中碳钢和高碳钢？
　答：（1）低碳钢指含碳量小于 0.25% 的钢。
　（2）中碳钢指含碳量为 0.25%～0.55% 的钢。
　（3）高碳钢指含碳量大于 0.55% 的钢。

La5C2007 什么叫螺距和导程？
　答：螺距是沿螺纹轴线方向量得的相邻牙间的距离，导程是同一螺线上沿轴线方向量得的相邻两牙间的距离。

La5C2008　什么叫液压传动的液体压力？

答：液压传动中，液体与其他物体接触面上单位面积所受的力，称为液体压力。常用单位是 Pa（或 N/m^2）。

La5C3009　液体润滑的原理是什么？

答：在摩擦副的两摩擦面之间，建立一层一定厚度的油膜，用这层黏性液体的内压力平衡外载荷，使两摩擦面不直接接触，在两摩擦作相对运动时，只有液体润滑剂分子之间摩擦，这就是液体润滑的原理。

La5C3010　什么是金属材料的屈服极限？

答：使金属材料发生塑性变形时，单位面积上所需的最小外力叫金属材料的屈服极限。

La5C4011　说出铸铁中五大常存元素的名称。

答：碳、硅、锰、硫、磷。

La5C4012　什么叫基准？基准分哪两类？

答：通过工件上某一点、线、面的位置，可以确定其他点、线、面的位置，这些作为根据的点、线、面就叫做基准。

基准可分为设计基准和工艺基准。

La5C1013　按作用的性质、形式的不同，力有哪几种？

答：按作用的性质、形式的不同，力可以分为重力、弹力和摩擦力等。

La4C1014　何谓帕斯卡定律？

答：在密闭的容器中，加在静止的一部分上的压力，以相同的压强传递给液体的其他部分，这就是帕斯卡定律。

La4C2015　摩擦在机械设备的运行中有哪些不良作用？
答：① 消耗大量的功；② 造成磨损；③ 产生热量。

La4C2016　牛顿第一定律是什么？
答：一切物体在没有受到外力作用的时候，总保持匀速直线运动状态或静止状态。这个结论称为牛顿第一定律或惯性定律。

La4C2017　什么是滚动轴承的原始游隙？
答：轴承在安装前自由状态下的游隙。

La4C3018　什么叫剖视图？
答：假设把零件按需要的位置剖切后，画出的剖面视图，叫做剖视图。

La4C3019　液压传动系统的工作原理是什么？
答：用液压泵把原动机的机械能转变为液压能，然后通过控制、调节阀和液压执行器，把液压能转变为直线运动或回转运动的机械能，以驱动工作机构完成所要求的各种动作。

La4C3020　什么是公差带？
答：表示零件尺寸相对基本尺寸所允许变动的范围，叫做公差带。

La4C3021　什么是滚动轴承的工作游隙？
答：轴承在工作时因内圈与外圈的温度差，使配合间隙减小；又因工作负荷的作用，使滚动体与套圈产生弹性变形而使间隙增大，这两种变化共同产生的间隙称为滚动轴承的工作游隙。

La4C4022　什么是热处理？它在生产上有什么意义？

答：热处理是零件和工具制造过程中的重要工艺，它通过加热、保温和冷却的方法来改变金属的内部组织，从而改善和提高工件的性能。通过热处理可充分发挥金属的潜力，延长零件和工具的使用寿命并节约消耗。

La4C4023　常用的划线基准有哪三种基本形式？

答：（1）以两个互相垂直的平面（或线）为基准。

（2）以两条中心线为基准。

（3）以一个平面和一条中心线为基准。

La3C2024　什么叫热应力？

答：当工件加热或冷却的时候，工件各部分的温度不一样，这样就会使工件各部分的膨胀和收缩不一致，因而产生了应力，这种应力称为热应力。

La3C2025　什么是金属材料的塑性变形？

答：金属材料在受外力的作用下，随着外力的增大发生了较大变形，在外力去除后，其变形不能得到完全恢复，而且有残留变形，叫做金属材料塑性变形。

La3C3026　液流连续性的原理是什么？

答：液流连续性原理是液体经无分支管道时，每一横截面上通过的流量一定是相等的，且内部的压力在各个方向一致。

La2C3027　解释公差配合代号 $\phi12\dfrac{H8}{f7}$ 的含义。

答：$\phi12\dfrac{H8}{f7}$ 表示孔轴的基本尺寸为 $\phi12$，是基孔制的间隙配合，孔为公差等级 IT8 的基准孔，基本公差代号为 H，轴为公差等级 IT7，基本公差代号为 *f*。

La2C5028　剖面图与剖视图有何区别？

答：两者的区别是剖面图仅画出被切断表面的形状，而剖视图除画出被切断表面的形状外，还要画出断面后其余部分的投影。

Lb5C1029　轴有哪几种划分方法？

答：根据轴的不同用途和受力情况，可以把轴分为心轴、传动轴和转轴三种。

Lb5C1030　转子式翻车机主要由哪几部分组成？

答：转子式翻车机主要由转子、平台、压车机构、托车机构、连杆摇臂、传动装置和支撑部分等组成。

Lb5C1031　滑动轴承由哪些部分组成？

答：滑动轴承通常由轴承体、轴瓦及轴承衬、润滑及密封装置等部分组成。

Lb5C1032　什么叫划线？

答：根据图纸和技术文件的要求，使用划针准确地在毛坯或待加工的工件上划出所需要的加工线条、检查线以及找正标志等，这类操作叫做划线。

Lb5C1033　折返式卸车线和贯通式卸车线在布置形式上有何不同？

答：折返式卸车线与贯通式卸车线在布置形式上不同的地方是增加了迁车台设备。

Lb5C1034　门式滚轮堆取料机大车行走机构驱动主动轮

对是靠什么实现的？

答：门架下部两侧的行走车台上各装一组双速异步电动机，通过三级立式减速器驱动主动轮对，使门式滚轮堆取料机沿轨道行驶。

Lb5C1035　门式滚轮堆取料机活动梁起升机构是由什么组成的？靠什么来实现？

答：起升机构包括电动机、减速器、滑轮组和钢丝绳。活动梁的升降是靠门架下部台车上左右各装一套起升机构来实现的。

Lb5C1036　装卸桥的三大重要安全构件是什么？

答：装卸桥的三大重要安全构件是制动器、钢丝绳、抓斗。

Lb5C2037　打样冲眼的目的是什么？

答：打样冲眼的目的，是为了避免已划好线的工件在以后的加工过程中界线模糊不清。

Lb5C2038　简述普通螺纹的特点和用途。

答：普通螺纹也是三角形螺纹，其特点是摩擦力大，强度高，螺纹牙形角是 60°，牙的断面是等边三等形。普通螺纹是常见的螺纹连接件，主要用于经常拆装的零件的连接和固定。

Lb5C2039　滚动轴承被广泛采用，其主要优点是什么？

答：（1）摩擦阻力小，转动灵敏、效率高。

（2）润滑简单、耗油量少，维护保养方便。

（3）轴向尺寸小，使设备结构紧凑。

（4）尺寸系列已标准化，使用方便，寿命较长。

Lb5C2040　斗轮系统检修项目有哪些？

答：斗轮系统检修项目有：检查减速器齿轮和各部轴承的磨损、润滑情况，轮斗、溜煤板的磨损情况，各螺栓的紧固情况。

Lb5C2041　皮带传动具有哪些优点？

答：（1）可用于两轴中心距较大时的传动。

（2）胶带有弹性，可缓冲和减振，传动平稳、噪声小。

（3）过载时皮带打滑，可防止零件破坏。

Lb5C2042　装卸桥的主要优缺点是什么？

答：装卸桥的主要优点是：运行灵活可靠，维护工作量小，可以进行综合性作业。

其缺点是：结构质量大，造价高，电耗大，不便于实现自动化。

Lb5C2043　简述钢丝绳的优点。

答：（1）质量轻、强度高，弹性好，能承受冲击负荷。

（2）挠性较好，使用灵活。

（3）在高速运行时，运转稳定，没有噪声。

（4）钢丝绳磨损后，外表会产生许多毛刺，易于检查。断裂前有断丝的预兆，且整根钢丝绳不会立即断裂。

（5）成本较低。

Lb5C3044　螺纹连接时垫圈的用途是什么？

答：（1）保护被连接件的表面不被擦伤和应有的光洁度。

（2）增大螺母与连接件间的接触面积，以减少其表面的挤压应力。

（3）遮盖被连接件的不平表面。

Lb5C3045　桥式螺旋卸车机的布置和特点如何？

答：桥式螺旋卸车机的工作机构布置在桥上，桥架在架空的轨道上往复行走。其特点是铁路两侧比较宽敞，人员行走方便，机械设计较为紧凑。

Lb5C3046　简述螺旋卸车机的工作原理。

答：螺旋卸车机是利用正反两套螺旋的旋转对煤产生推力，在推力的作用下，煤沿螺旋通道由车厢中间向车厢两侧运动，卸出车厢；同时大车机构沿车厢纵向往复移动、螺旋升降，大车移动与螺旋旋转协同作用，煤就不断地从车厢中卸出。

Lb5C3047　什么叫齿轮的模数和压力角？

答：模数代表了齿轮大小的数值，也是轮齿周节与 π 的比值。压力角是指齿轮渐开线上某点法向压力方向与该点速度方向之间的夹角，用 α_0 表示。

Lb5C3048　尼龙柱销联轴器的使用条件及特点是什么？

答：尼龙柱销联轴器用于正反转，变化较多，可用于启动频繁的高速轴；其特点是结构简单，装卸方便，较耐磨，有缓冲、减震作用，可以起一定的调节作用。

Lb5C3049　按周期性动作机械分，卸船机有哪几种？

答：属于周期性动作机械的，有各种类型的抓斗起重机，如门式抓斗卸船机、固定旋转式抓斗卸船机、履带式抓斗卸船机等。

Lb5C4050　什么叫传动轴，芯轴和转轴？它们的作用是什么？

答：承受转矩、产生扭转变形的轴，叫传动轴，其作用是传递功率。承受横向载荷，产生弯曲变形的轴，称为芯轴，起支撑作用。转轴既支撑传动件，又传递功率，同时受横载荷和转矩的作用，产生弯曲和扭转的组合变形。

Lb5C4051　液压系统由哪几部分组成？

答：液压系统一般由液压泵、执行器、控制器、调节阀和其他附件所组成。

Lb5C4052　分别说明单油缸和双油缸支撑摘钩平台各有什么特点？

答：单油缸支撑摘钩的特点是：正常工作压力较小，油缸易于布置，但上升所用的时间长，升起的平稳性差。

双油缸支撑摘钩平台的特点是上升所用的时间短，工作压力大，上升平稳，但油缸布置占用空间大，易产生不同步现象而损坏油缸。

Lb5C4053　DQ5030 型斗轮堆取料机悬臂梁的动作靠什么来实现？

答：悬臂梁的动作由电动机带动齿轮油泵产生的高压油，经三位四通电液换向阀进入油缸，通过俯仰的双作用油缸来控制。

Lb5C1054　液压回转机构驱动动力由什么组成？

答：回转机构驱动动力由内曲线电动机、变量泵、换向阀和管路组成。

Lb5C1055　斗轮堆取料机悬臂皮带机的结构组成有哪些？

答：其结构由头部驱动装置、尾部滚筒、上下托辊、改向滚筒、拉紧装置、机架及运输胶带组成。

Lb5C1056　在公差与配合中何谓尺寸偏差？

答：某一尺寸减去基本尺寸所得的代数差称为尺寸偏差。

Lb4C1057　构件剪切时的受力特点是什么？

答：作用在构件上的两个力的大小相等、方向相反，而且这两力的作用线很接近。

Lb4C1058　桥式载重小车式卸船机的特点是什么？

答：桥式载重小车式卸船机具有适应性强、结构简单、易维护保养等特点，被国内大部分卸料码头所采用。

Lb4C2059　对润滑用油的基本要求是什么？

答：有较低的摩擦系数、良好的吸附渗入能力、一定的内聚力、较高的纯度、抗氧化性好、无研磨和腐蚀性及较好的导热能力和较大的热容量。

Lb4C2060　链传动有何优点？适用于何处？

答：可以保证准确的平均传动比，适用于距离较远的两轴之间的传动，它同时参加啮合的齿数较多，载荷分布均匀，传动较平稳，传动功率较大，特别适合用在温度变化大和灰尘较多的场合。

Lb4C2061　链传动有何缺点？

答：制造复杂，成本高，磨损快，易伸长，有噪声，只适用于两轴平行的场合。

Lb4C3062　齿轮油泵的检修项目有哪些？

答：（1）检查各接合面、密封件、壳体，必要时进行修理或更换。

（2）检查轴承，必要时进行更换。

（3）检查侧板。

（4）检查齿轮。

Lb4C3063　何谓基孔制？

答：基孔制是指基本偏差为一定孔的公差带，与不同基本偏差的轴的公差带形成的各种配合的一种制度。

Lb4C3064　齿轮油泵的优缺点是什么？

答：优点是：结构简单，工作可靠，制造维护方便，价格便宜，有很好的自吸力。

缺点是：效率低，漏油严重，轴承负荷大，工作压力受到限制，一般用于简单的液压系统。

Lb4C4065　蜗杆传动的优点是什么？

答：（1）一级传动就可以得到很大的传动比。

（2）结构紧凑，工作平稳，无噪声。

（3）可以自锁，这对于某些起重设备是很有意义的。

Lb4C4066　齿轮油泵的工作原理是什么？

答：当齿轮油泵转动时，密封的工作容积发生变化。工作容积增大时造成真空，形成了吸油腔；当工作容积减少时，形成了压油腔；这样一吸一压就形成了整个吸压过程，使液压系统工作。

Lb4C4067　径向柱塞马达的检修项目有哪些？

答：（1）检查和检修壳体、活塞。

（2）检查密封件及胀圈的磨损情况，磨损严重或变形时应更换。

（3）检查缸体的磨损情况，必要时进行更换。

（4）检查曲轴轴瓦的磨损情况，必要时进行更换。

（5）检查轴承，必要时进行更换。

Lb4C4068　在斗轮堆取料机的仰俯系统中，节流阀的作

用是什么？

答：节流阀的作用是控制悬臂下降时，油缸下部的回油流量小于或等于油缸上部的进油流量，使悬臂下降过程平稳，防止悬臂的下降速度过快或陡变而造成事故。

Lb4C4069　三级立式减速机解体检修项目有哪些？

答：（1）检查齿轮及轴的磨损情况。

（2）检查轴承的磨损情况。

（3）检查、修理或更换磨损件。

（4）检查柱塞泵、单向阀的磨损情况。

（5）检查、补充或更换减速机内的润滑油。

Lb3C1070　螺旋卸煤机主要由哪几部分组成？

答：卸煤机是由螺旋旋转机构、螺旋升降机构、大车行走机构、金属架构四部分构成的。

Lb3C1071　火力发电厂输煤系统主要由哪些设备组成？

答：由卸煤设备、给煤设备、上煤设备、筛碎设备、配煤设备、煤场设备、辅助设备等组成。

Lb3C3072　内曲线多作用径向柱塞电动机有何特点？

答：具有低转速、大扭矩的特点。

Lb3C3073　大型卸煤设备及储煤设备采用的制动器的作用是什么？

答：制动器在大型煤场和卸煤设备中广泛应用，其作用是确保设备运行安全，减少机构运动由于惯性发生位移，防止各部件间的碰撞，确保机构运行的正确位置。

Lb3C3074　柱塞液压电动机的种类有哪些？

答：柱塞液压电动机分为：轴向柱塞油电动机、径向柱塞油电动机、内曲线多作用柱塞油电动机。

Lb3C4075　斗轮堆取料机液压缸由哪些组成部分？

答：斗轮机的液压缸属于双作用单活塞杆液压缸，它由缸体、活塞、活塞杆、皮碗、下端盖、密封圈、衬套、压盖、防尘套等组成。

Lb3C4076　推煤机的优缺点有哪些？

答：其优点是：可以把煤堆堆成任何形状，在堆煤的过程中可以将煤逐层压实，并兼顾平整道路等其他辅助工作。

缺点是：启动时间长，难以处理自燃煤。

Lb3C5077　开式斗轮的技术参数包括哪些内容？

答：开式斗轮的技术参数包括：理论出力、斗轮直径、斗数、斗容和回转角速度等。

Lb2C2078　翻车机卸车线由哪些主要设备组成？

答：翻车机卸车线是以翻车机为主机，由拨车机、迁车台、推车机等设备组成。

Lb2C2079　门式滚轮机包括哪些主要结构？

答：门式滚轮主要包括：滚轮、行走机构、升降机构、活动梁、门架、皮带输送机、尾车、操纵室等部分。

Lb2C3080　翻车机可分哪几种类型？

答：按翻卸形式，翻车机可分为转子式翻车机和侧倾式翻车机；按驱动方式，可分为钢丝绳传动和齿轮传动两种；按压车装置形式，可分为液压压车式和机械压车式两种。

Lb2C4081　油压系统中油产生泡沫的原因有哪些？

答：（1）油箱内油位低，油泵吸空。

（2）进油不畅。

（3）回油在油面以上。

（4）油种不符。

Lb1C2082　悬臂斗轮堆取料机工作机构有哪些？

答：斗轮及其驱动装置、斗轮臂架、堆取料带式输送机、变幅及回转机构、平衡装置和金属结构等。

Lb1C3083　闭合断面箱形主梁用于装卸桥的优点是什么？

答：受力情况好，材料利用率高，自重较轻，裁料方便，安装简单，机械加工件少，制造方便，外形美观。

Lc5C1084　什么是气体中的粉尘浓度？

答：单位体积气体中所含的粉尘质量，称为气体中的粉尘浓度。

Lc5C1085　简述火力发电厂的生产过程。

答：通过高温燃烧，把燃料的化学能转变为热能，即将水加热为高温高压的蒸汽，然后利用蒸汽驱动汽轮发电机组，在此过程中先是将热能转化为机械能,最终把机械能转化为电能。

Lc5C2086　火电厂运煤系统包括哪几个环节？

答：包括来煤称量、煤的翻卸、储存、输送、计量、破碎、配仓七个环节。

Lc5C3087　什么是电流的热效应？

答：电流通过电阻时，电阻就会发热，将电能变成热能，这种现象叫做电流的热效应。

Lc5C1088　什么叫接地？

答：将电气设备的某一部分与接地体之间作良好的电气连接，称为接地。

Lc4C2089　什么是电气设备的额定值？

答：电气设备的额定值是制造厂按照安全、经济、寿命等因素为电气设备规定的正常运行参数。

Lc4C2090　常用的消防器材有哪些？

答：二氧化碳灭火器、泡沫灭火器、干式灭火器、1211 灭火器、消防栓、消防水龙带、消防水、破拆工具。

Lc4C2091　什么叫煤的发热量？

答：单位数量的煤完全燃烧后所放出的热量称为发热量，煤的发热单位是 kJ/kg。

Lc3C2092　什么是企业的安全生产三级教育？

答：三级教育是：厂级、车间级、班组三级安全教育。

Lc3C3093　产品质量一般包括哪五个方面？

答：产品质量一般包括性能、寿命、可靠性、安全性、经济性等五个方面。

Lc2C2094　什么叫冷态？

答：凡电动机停转时间等于或大于 30min 者即为冷态。

Lc2C3095　什么叫热态？

答：电动机启动电流由最大衰减到最小，或停转时间小于 30min 者即为热态。

Lc2C4096　什么是安全管理？

答：安全管理是指为保证生产在良好的环境和工作秩序下进行，以杜绝人身、设备事故的发生，使劳动者的人身安全和生产过程中设备安全得到保障而进行的一系列的管理工作。

Jd5C1097　看零件三视图的要领是什么？

答：主视图相当于从前往后看物体而画出的视图，即正面上的物体投影。俯视图相当于从上往下俯身看视图而画出的视图，即水平面上的物体投影。左视图相当于从左往右看物体而画出的视图，即侧面上的投影。

Jd5C1098　锯割操作时，起锯和锯削操作要领是什么？

答：起锯时，左手拇指靠稳锯条，起锯角应小于 15°。锯弓往复行程要短，锯条要与工作面垂直。

锯削时，锯弓应直线往复，不可摆动，前进加压，用力均匀，返回时从工件上应轻滑而过。锯削速度为 40～60 次/min。锯削时用锯条全长工作，以免中间部分迅速磨钝。快锯断时，用力应轻。

Jd5C1099　钳工怎样錾平面？

答：錾平面时，应先用窄錾开槽，槽间的宽度约为平錾錾刃宽度的 3/4，然后再用平錾錾平。为了易于錾削，平錾錾刃应与前进方向成 45°角。

Jd5C2100　脆性材料和塑性材料的破坏都以什么为标志？

答：脆性材料的破坏是以断裂为标志，塑性材料的破坏是以材料发生塑性变形为标志。

Jd5C2101　简述钳工直角尺的作用及使用方法。

答：钳工直角尺作用是用来检查工件内外直角的。使用方法是将尺座一面靠紧工件基准面，尺苗向工件另一面靠拢，观察尺苗与工件贴合处以透过光线是否均匀，来判断工件两面是否垂直。

Jd5C2102　怎样掌握锯割的速度及压力？

答：锯割时的速度和压力要根据材料的硬度和锯割面的大小而定，一般情况下，锯割速度以每分钟内往复40~60次为宜。锯割硬金属时，速度要慢，压力适当；锯割软金属时，速度要快。速度过快时，锯齿容易磨损；过慢，效率不高。

Jd5C2103　如何锯割薄板？

答：锯割薄板（3mm以下）时，两侧应用木板夹住，再夹在台虎钳上锯割，不然，锯齿将被薄板卡住，损坏锯条。

Jd5C3104　使用划针应注意哪些事项？

答：（1）划针尖应保持锐利，钝尖划出的线很不准，划针尖端不宜过硬。

（2）划线的深度要根据具体情况作具体分析，毛坯和初加工的工件可划得深一些、粗一些，精加工的工件要划得细而清晰准确，待弯曲的地方划得不宜太深。

（3）较软的材料应用铜划针划。

（4）薄板应用铅笔划针。

Jd5C3105　锉削时如何夹持不规则的工件？

答：夹持不规则的工件时应加衬垫，薄工件可以钉在木板上，再将木板夹在台虎钳上进行锉削。锉大而薄的工件边缘时，可用两块三角铁或夹板夹紧，再将其夹在台虎钳上进行锉削。

Jd5C3106　怎样锯割直径较大的圆管？

答：锯割时，不可一次从上到下锯断。应在管壁将被锯透时，将圆管向推锯方向转动，锯条仍然从原锯缝锯下，锯锯转转，直到锯断为止。

Jd5C3107　钳工操作完工后，还应做哪些工作？

答：要清扫工作现场，并应将工具、量具、夹具和设备等清扫、擦洗干净或涂油，放回原处，以及将剩余的材料和铁屑送往指定地点。

Jd5C4108　使用水平尺测量时，如何使用才能更准确？

答：测量时，在同一测量点上作正反2次测量，以两次读数的平均值为该处的水平度。

Jd4C2109　如何判别一条螺栓是右旋螺纹或是左旋螺纹？

答：将一条螺栓面向立着，若其螺纹旋线是自左向右往上倾斜，则是右旋螺纹；反之，则为左旋螺纹。

Jd4C3110　轴的校直方法有哪几种？

答：轴的校直方法有：捻打法、局部加热法、热力机械法、内应力松弛法。

Jd4C4111　如何用百分表测量减速机齿轮的轴向间隙？

答：（1）测量前将结合面和齿轮端面清洗干净，用撬棍将齿轮撬向一端。

（2）在结合面上装好磁力表座及百分表。表架应牢固，表针垂直于齿轮端面，并有一定的预紧力。

（3）调整表头零位，然后用撬棍将齿轮撬向另一端，记录表头读数。

（4）为了测量准确，可如此重复2～3次。

Jd3C2112　滑动轴承轴孔间隙检查可用什么方法？使用

范围是什么？

答：间隙检查有两种办法：压铅检查法和塞尺检查法。

压铅检查法可测量径向顶部间隙；塞尺检查法可测量径向侧间隙、整体式轴承径向顶部间隙及滑动轴承的轴向间隙。

Jd3C3113　过盈配合装配，可采取什么办法来实现？

答：过盈配合装配可采用：常温下的压装配法、热装配法、冷装配法。

Jd3C4114　在装配液压泵的联轴器时，应注意什么？

答：在安装液压泵联轴器时，通常轻轻敲击即可装入，若配合较紧，不要用力敲打，以免损伤油泵转子，应将联轴器加热后进行安装。

Jd3C5115　制动调整前应做些什么？

答：应检查制动器的中心高度是否和制动轮中心高度相同，并使其两制动臂垂直于制动器安装平面，调整过程中制动瓦片表面及制动轮表面不得粘有油污。

Jd2C4116　在没有螺纹规时，如何测定螺距？

答：可直接用钢板尺测量，也可用拓印法测定螺距，将螺纹在纸上印出螺距。一般采用 $5\sim10$ 个螺距长 L，算出平均螺距，即 $P=\dfrac{L}{n}$，再查阅标准，采用与实测最近的标准螺距为所测螺距。

Je5C1117　堆取料机轨道平直度要求在多少范围之内？

答：要求平直度在 1/1000 以内。

Je5C1118　装卸桥抓斗检修中，斗口接触处的间隙不大于

多少？最大间隙处的长度不应大于多少？

答：斗口接触处的间隙不大于 20mm，最大间隙处的长度不大于 200mm。

Je5C1119　对于磨损的轴采用什么方法修复？

答：对于磨损的轴，可采用镀铬或金属喷涂的方法进行修复，然后按图纸要求就地加工。为了减少应力集中，在加工圆角时，一般应取图纸规定的上限，只要不妨碍装配，圆角应尽量大些。

没有上述修理条件时，对不重要的轴，也可采用堆焊后车修的方法。

Je5C1120　推煤机检修中，对已做标记的零件，装配时注意什么？

答：对已做标记的零件，装配时应将标记对准后再装配。对不需要调整的连杆长度，应保证和拆前的长度一致。

Je5C2121　液压系统油箱油温上升，其原因有哪些？

答：原因有：油的黏度太高；回路设计不合理，效率太低；油箱容量小，散热慢；阀的性能不好；油质变坏；冷却器效率低。

Je5C2122　液压系统压力失常或液流波动和振动的原因是什么？

答：原因是：油泵吸空、油生泡沫、机械振动、溢流阀或安全阀跳动、油泵输油不均匀、阀零件黏住、进空气。

Je5C2123　轴瓦（滑动轴承）的间隙应如何确定？

答：通常用润滑油润滑的轴瓦，其顶部间隙为（0.001 2～0.002）乘以轴径；采用润滑脂润滑的轴瓦，其顶部间隙为（0.002～0.003）乘以轴径。

Je5C2124　螺旋卸煤机安装工作主要包括哪几方面？

答：主要包括：安装准备，设备开箱检验，轨道验收，结构用部件拼装，安装、调试、刷漆防腐、验收交工。

Je5C3125　有哪些缺陷的管子不能在液压系统中采用？

答：（1）管子内外侧已腐蚀或有显著变色。
（2）伤口裂痕深度为管子壁厚的10%以上。
（3）管子被割开后发现壁内有孔现象。
（4）管子表面凹入量达原直径的20%以上。

Je5C3126　推煤机检修中装配前应注意什么？装配轴承应注意什么？

答：装配前，将所有的零件应清洗干净。对涂有防锈剂的新件，应将防锈剂清除后再进行组装。装配轴承、衬套、油封等，应用专用工具进行组装。轴承代号、标记尽量朝向外侧（有方向性要求的轴承例外）。

Je5C3127　推煤机检修中拆卸操纵连杆时应注意什么？

答：拆卸操纵连杆时，对不需要调整的连杆长度不要轻易变动。若需要拆卸标端时，在拆卸前，先量好长度，在组装时，必须调整到原长度后再组装。

Je5C3128　液压系统流量太小或完全不出油的原因是什么？

答：油泵吸空、油生泡沫、油泵磨损大、油泵转速过低、从高压侧到低压侧漏损大、油泵转向错。

Je5C4129　液压系统中油生泡沫的原因有哪些？

答：油箱内油位太低、油箱安装位置错误、回油到油箱油面以上、用油错。

Je5C4130 设备解体清洗应注意哪些事项？

答：（1）要在各部位的非工作面上做好标记，避免错乱。

（2）拆下的零件要放在干燥处，并注意遮盖、防灰、防碰；细长轴应垂直吊置，难拆的零件要在除锈或加热后拆卸；若用大锤撞击，受击部位要垫有软性材料。

（3）清洗零件通常使用汽油、柴油或清洗剂，清洗后的零件应及时安装，暂不安装的零件应保管好。

Je5C1131 齿轮常发生哪些故障？

答：疲劳点蚀、磨损、胶合、塑性变形、折断齿。

Je4C1132 螺旋卸车机大修项目有哪些？

答：（1）大车行走机构检修。

（2）螺旋升降机构检修。

（3）螺旋旋转机构检修。

（4）架构部分检修。

（5）电气部分检修。

（6）轨道检修。

Je4C2133 7、8级精度的齿轮啮合时有哪些要求？

答：一般7级或8级精度的齿轮，齿面接触斑点应达到沿齿高不少于40%，沿齿长不少于50%，齿轮磨损不得超过原齿厚的25%。

Je4C2134 螺旋卸车煤机械传动部分安装有哪三部分？

答：（1）行走驱动、传动部分安装。

（2）螺旋升降驱动、传动部分安装。

（3）螺旋旋转机构安装。

Je4C3135 翻车机液压压车装置常见的故障有哪些？

答：（1）压车装置压车钩压不紧车。

（2）部分压车钩不动作或动作缓慢。

（3）齿轮泵运行时噪声过大。

（4）漏油。

Je4C4136　简述蜗轮减速器中蜗轮的质量标准。

答：（1）轮心无裂纹等损坏现象。

（2）蜗轮齿的磨损量一般不准超过原齿厚的 1/4。

（3）蜗轮与轴的配合，一般为 $H7/h6$，链槽内为 $H7/n6$。

（4）径向跳动公差应符合标准。

Je4C4137　简述蜗轮减速器中蜗杆的质量标准。

答：（1）蜗杆齿面无裂纹毛刺。

（2）蜗杆齿形的磨损一般不准超过厚螺牙厚度的 1/4。

（3）蜗杆螺牙的径向跳动公差应符合标准。

（4）蜗杆轴向齿距偏差应符合标准。

Je4C4138　在推煤机的曲轴及轴承检修中，发现轴瓦表面出现拉纹或硬点时应如何处理？

答：如果瓦表面出现拉纹或硬点，可用刮刀修去峰面及嵌入的金属颗粒。

Je4C5139　拆卸转子联轴器前，应当进行哪些测量工作？

答：应测量联轴器的瓢偏度，测量联轴器端面与轴端面之间距离，并作好联轴器与轴在圆周方向上相对装配位置的记号。

Je3C4140　在装卸桥检修中，铸钢滑轮补焊加工后的偏差应为多少？

答：铸钢滑轮补焊加工后，其径向偏差不得超过 3mm，轮槽壁厚度不得小于原厚度的 80%。

Je3C4141 齿轮泵的内泄漏发生在哪几个部位？

答：主要发生在以下三个部位：

（1）轴向间隙。齿轮端面与端盖间的间隙。轴向间隙的泄漏占整个泄漏的 75%～80%。

（2）径向间隙。齿轮顶与泵体内圆柱面之间的间隙。

（3）齿侧间隙。两个齿轮的齿面啮合处。

Je3C4142 翻车机液压压车装置压车钩压不紧车的原因是什么？如何处理？

答：主要原因是：

（1）蓄能器氮气压力过低。

（2）油路阻塞或溢流阀内漏油过多，压力无法建立。

处理方法是：

（1）蓄能器及时充氮气，保证压力。

（2）检查油质，清除阻塞，检修溢流阀。

Je3C4143 翻车机试运分哪三种方式？

答：（1）空载试运。

（2）空车试运。

（3）重车试运。

Je2C1144 对检修后的换向阀有何要求？

答：检修后的换向阀应动作灵活、可靠，无漏油。

Je2C2145 螺旋卸煤机安装准备工作主要有哪几方面？

答：

（1）编制安装施工方案。

（2）查阅资料、熟悉图纸进行安装技术培训。

（3）清点设备。

（4）安装工、器具及材料的准备。

Je2C2146 滚动轴承烧坏的原因有哪些？

答：（1）润滑油中断。

（2）轴承本身有问题，如珠架损坏、滚珠损坏、内外套损坏。

（3）强烈振动。

（4）轴承长期过热未及时发现。

Je1C1147 装卸桥使用的钢丝绳在什么情况下应进行更换？

答：当钢丝绳断股、打结时，应停止使用；断丝数在一捻节距内超过总数的10%时，应予以更换。

Je1C3148 装卸桥大车"啃道"的原因及排除方法有哪些？

答：（1）车轮偏差过大；应检修车轮，重修安装。

（2）传动系统偏差过大；应使电动机、制动器合理匹配，检修传动轴、键、齿轮传动情况。

（3）金属结构变形；应检修矫正。

（4）轨道偏差或有油污冰霜；应检修轨道，去掉油污冰霜。

Je5C4149 发动机机油滤清器的拆装应注意哪些事项？

答：拆装机油滤清器时，注意将O形密封圈及各垫片放正，以免产生漏油现象。滤清器的转子部件是经过动平衡校正的，装配时一定要对正记号，将转子盖上的箭头与壳体上的箭头相对。

Jf5C2150 如发现有人触电该怎么办？

答：发现有人触电时，应立即切断电源，使触电人脱离电源，并进行急救，如有高空作业，抢救时必须注意防止高空坠落。

Jf5C2151 对于 100kW 及以上的异步电动机的连续启动

次数有什么规定？

答：容量在 100kW 及以上的电动机，允许在冷态下连续启动 2 次，热态下连续启动 1 次。

Jf4C1152　怎样使用泡沫灭火器？

答：拿泡沫灭火器时不能横放或倒置，要保持机身平稳，使用时一手提环，一手托底，将灭火器倒过来，摇动灭火器向火源喷出泡沫进行灭火。但灭火时盖与底不能对着人体的任何部位，防止喷嘴堵塞，引起底盖爆炸伤人。

Jf4C2153　怎样扑灭电动机的火灾？

答：为了扑灭电动机的火灾，必须先将电动机的电源切断后才能就地灭火。应使用干式灭火器、二氧化碳灭火器或 1211 灭火器灭火。

Jf4C4154　电动机两相运行的现象有哪些？

答：（1）启动时电动机只响不转。

（2）外壳温度升高。

（3）出现周期性振动。

（4）运行时声音突变。

（5）电流指示升高或到零。

Jf3C2155　发生事故时要做到哪"四不放过"？

答：（1）事故原因不清楚不放过。

（2）事故责任者和应受教育者没有受到教育不放过。

（3）没有防范措施不放过。

（4）事故责任者没有受到处罚不放过。

Jf3C2156　事故的预防措施有哪些？

答：（1）技术方面的措施。

（2）教育措施。

（3）管理措施。

（4）环境措施。

Jf5C2157　对于 100kW 以下的异步电动机的连续启动次数有什么规定？

答：容量在 100kW 以下的异步电动机，允许在冷态下连续启动 3 次，热态下连续启动 2 次。

Jf5C3158　怎样防止发生触电事故？

答：（1）严格贯彻执行电气安全规程。

（2）认真做好电气安全教育和宣传工作。

（3）经常检查违章、违纪和电气设备状况。

Jf5C3159　电动机有哪些常见的故障？

答：电动机的常见故障有：电动机振动、电动机过热、电动机两相运行。

Jf2C4160　登高作业要做好哪些安全事项？

答：登高作业应该遵守《高处作业安全操作规程》。必须系好安全带，戴好安全帽；高处作业传递物件不得上下抛掷。地面要设监护人，材料工具要用吊绳传送。杆下 2m 内不准站人，有 6 级以上的大风、大雨、雷电等情况，严禁登杆作业。

4.1.4 计算题

La5D1001 如图 D-1 所示，某一斜坡斜度为 1:10，当水平方向上长度每增加 15mm，高度增加多少？

解： 设高度增加量为 x，则

$$1:10 = x:15$$

$$x = \frac{1 \times 15}{10} = 1.5 \ (\text{mm})$$

答： 高度增加 1.5mm。

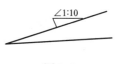

图 D-1

La5D1002 某斜垫铁尺寸如图 D-2 所示，求其斜度。

解： 设斜度为 k，则

$$k = \frac{35 - 20}{180} = \frac{15}{180} = \frac{1}{12}$$

答： 斜垫铁斜度为 1:12。

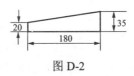

图 D-2

La5D2003 法兰盘尺寸如图 D-3 所示，求 A、B 两孔中心距。

解： 设 A、B 两孔中心距为 Smm。

则

$$S = 2\sin 30° \frac{100}{2}$$

$$= \frac{100}{2} = 50 \ (\text{mm})$$

答： A、B 两孔中心距为 50mm。

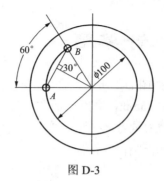

图 D-3

La5D3004 一个圆锥销如图 D-4 所示，试计算圆锥销的锥度。

解：设圆锥销锥度为 K，则

$$K = \frac{d_2 - d_1}{L} = \frac{22 - 21}{50} = \frac{1}{50}$$

答：该圆锥销的锥度为 1:50。

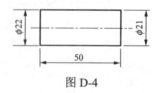

图 D-4

La5D3005 用 84cm 长的圆钢围成一个三角形支架，这个三角形的三条边之比为 3:4:5。问三条边各是多少？

解：设最长边为 a，次长边为 b，最短边为 c，则

$$a = 84 \times \frac{5}{3+4+5} = 35 \text{（cm）}$$

$$b = 84 \times \frac{4}{3+4+5} = 28 \text{（cm）}$$

$$c = 84 \times \frac{3}{3+4+5} = 21 \text{（cm）}$$

答：三条边分别为 21cm，28cm，35cm。

La5D4006 液压千斤顶原理如图 D-5 所示。如果作用在小活塞上的力 F_1 为 5.78×10^3N，小活塞面积 A_1 为 1.13×10^{-4}m²，大活塞面积 A_2 为 9.62×10^{-4}m²。求：① 大活塞向上的顶力有多大？② 大、小活塞运动速度哪一个快？快多少倍？

解： $\dfrac{F_1}{A_1} = \dfrac{F_2}{A_2}$

则　　$F_2 = \dfrac{F_1 A_2}{A_1} = \dfrac{5.78 \times 10^3 \times 9.62 \times 10^{-4}}{1.13 \times 10^{-4}} = 4.92 \times 10^4$（N）

$$A_1 v_1 t = A_2 v_2 t$$

$$\frac{v_1}{v_2} = \frac{A_2}{A_1} = \frac{9.62 \times 10^{-4}}{1.13 \times 10^{-4}} = 8.51$$

答： ① 大活塞向上的顶力为 4.92×10^4N；② 小活塞速度快，比大活塞快 8.51 倍。

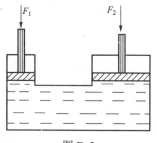

图 D-5

La4D1007 试计算一块长 6m，宽 1.5m，厚度为 30mm 的钢板的质量（钢的密度为 7.85g/cm³）。

解： 已知　$a = 6$m，$b = 1.5$m，$c = 30$mm $= 0.03$m，

$$\rho = 7.85\text{g/cm}^3 = 7.85\text{t/m}^3$$

则　　$V = abc = 6 \times 1.5 \times 0.03 = 0.27$（m³）

$\quad\quad m = V\rho = 0.27 \times 7.85 \approx 2.12$（t）

答： 该块钢板质量为 2.12t。

La4D2008 一残轮尺寸如图 D-6 所示，求其半径 R。其中，$a = 200\text{mm}$，$h = 40\text{mm}$。

解：设线轮半径为 R

则

$$R^2 = \left(\frac{a}{2}\right)^2 + (R-h)^2$$

$$= \frac{a^2}{4} + R^2 - 2Rh + h^2$$

$$R = \frac{\dfrac{a^2}{4} + h^2}{2h} = \frac{\dfrac{200^2}{4} + 40^2}{2 \times 40} = 145 \ (\text{mm})$$

答：线轮半径是 145mm。

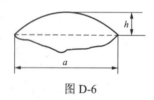

图 D-6

La4D2009 如图 D-7 所示，需配制斜度 1:10 的斜垫铁，已知垫铁长度为 200mm，垫铁薄边厚为 8mm，求垫铁另一边的厚度 H。

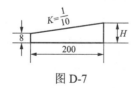

图 D-7

解：设另一边的厚度为 H

则

$$\frac{H-8}{200} = \frac{1}{10}$$

$$H = \frac{1}{10} \times 200 + 8 = 28 \quad (\text{mm})$$

答：另一边厚度为 28mm。

La4D2010 已知一均匀的圆球半径为 2cm，求该球的质量（该球密度为 7.8g/cm³）。

解：已知 $R = 2\text{cm}$，$\rho = 7.8\text{g/cm}^3$。

$$V = \frac{4}{3}\pi R^3 = \frac{4}{3} \times 3.14 \times 2^3 \approx 33.49 \quad (\text{cm}^3)$$

$$m = V\rho = 33.49 \times 7.8 = 261.2 \quad (\text{g}) \approx 0.26 \quad (\text{kg})$$

答：该球质量为 0.26kg。

La4D3011 如图 D-8 所示的正棱锥，底面边长为 2cm，侧棱长为 4cm，求正六棱锥的体积。

解：$V = \frac{1}{3}Sh = \frac{1}{3} \times 6 \times \frac{1}{2} \times 2 \times 2 \times \cos 30° \times \sqrt{4^2 - 2^2}$

$$= 12 \quad (\text{cm}^3)$$

答：正六棱锥的体积为 12cm³。

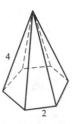

图 D-8

La4D3012 某种装机械润滑油的桶，其高度为 86cm，内径 58cm，润滑油占桶容积的 95%，该润滑油密度为 0.86g/cm³，求每桶油的质量。

解：已知 $D = 58\text{cm}$，$H = 86\text{cm}$，$\rho = 0.86\text{g/cm}^3$，$n = 95\%$

则 $V = \pi\dfrac{D^2}{4}H = 3.14 \times \dfrac{58^2}{4} \times 86 = 227\,103.64$（cm^3）

$m = Vn\rho = 227\,103.64 \times 95\% \times 0.86$

$= 185\,543.7$（g）$= 185.5$（kg）

答：每桶装油 185.5kg。

La4D4013 如图 D-9 所示的撬棍长为 1.5m，现用此撬棍撬起重 5kN 的重物，且此人最大用力 800N，求支点应距重物端的距离。

解：已知 $l = 1.5$m，$P = 5$kN，$F = 800$N。

$$Pl_1 = F(l - l_1)$$

$$l_1 = \frac{Fl}{P+F} = \frac{800 \times 1.5}{5000 + 800} \approx 0.207 \text{（m）}$$

答：支点应距重物端 0.207m。

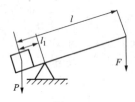

图 D-9

La4D5014 从墙壁上 A 点水平安装一横杆，B 点挂 $Q = 2$kg 重物，已知杆长 $AB = 1$m，杆的质量为 4kg，求 A 点所受的力矩。

解：已知 $Q = 2$kg，$m = 4$kg，$AB = 1$m

则 $M_A = QgAB + \dfrac{1}{2}mgAB$

$= 2 \times 9.8 \times 1 + \dfrac{1}{2} \times 4 \times 9.8$

$= 19.6 + 19.6$

$$= 39.2（N \cdot m）$$

答：A 点所受的力矩是 39.2N·m。

La3D1015 用 0.05mm 精度的游标卡尺测量一内孔，已知主尺读数为 407，游标线在 12 格上，游标卡尺的卡爪厚 10mm，求内孔径 d。

解：$d = 407 + 12 \times 0.05 + 10 = 417.60（mm）$

答：内孔径为 417.60mm。

La3D2016 机械检修时用大锤敲击铁件，已知锤质量 m 为 5kg，以 v_1 为 20m/s 的速度敲打在铁板上，然后以 v_2 为 5m/s 的速度弹起来，求大锤对铁件的冲击力大小（作用时间 $t = 0.1s$）。

解：$F = \dfrac{m(V_1 - V_2)}{t} = \dfrac{5(20 - 5)}{0.1} = 750(N)$

答：作用力为 750N。

La3D3017 如图 D-10 所示的棱台，斜面为高 1.5m 的等腰梯形，求该棱台的表面积。

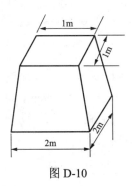

图 D-10

解：上底面积：$S_s = 1 \times 1 = 1（m^2）$

下底面积：$S_x = 2 \times 2 = 4（m^2）$

侧面积：$S_c = 4S_t = 4 \times \dfrac{(1+2) \times 1.5}{2}$

$$= 9 \text{（m}^2\text{）}$$

$$S = S_s + S_x + S_c = 1 + 4 + 9 = 14 \text{（m}^2\text{）}$$

答： 该棱台的表面积是 14m^2。

La3D3018 如图 D-11 所示，有一液压缸，其直径 D 为 50mm，活塞杆直径 d 为 35mm，进入油缸的流量 Q 为 $0.417 \times 10^{-3} \text{m}^3/\text{s}$，问活塞往复的速度 V_1、V_2 各是多少？

解： $V_1 = \dfrac{Q}{A_1} = \dfrac{Q}{\dfrac{D^2 - d^2}{2^2}\pi} = \dfrac{0.417 \times 10^{-3}}{\dfrac{0.050^2 - 0.035^2}{4} \times 3.14} = 4.11 \text{（m/s）}$

$$V_2 = \dfrac{Q}{A_2} = \dfrac{Q}{\dfrac{D^2}{4}\pi} = \dfrac{0.417 \times 10^{-3}}{\dfrac{0.050^2}{4} \times 3.14} = 2.10 \text{（m/s）}$$

答： 活塞往复速度 V_1 为 4.11m/s，V_2 为 2.10m/s。

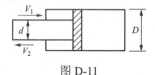

图 D-11

La3D4019 图 D-12 所示为一钉锤拔钉，P 力与锤柄 $\overline{AC}$ 垂直，$P = 200\text{N}$，$\overline{AB} = 40\text{cm}$，$\overline{BC} = 9\text{cm}$，求 P 对钉的作用力矩。

解： 钉锤与平面的接触点 B 为转动中心，由 B 向力 P 作用线引垂线，其长为 $\overline{BD}$，则

$$\overline{BD} = \sqrt{\overline{AB}^2 - \overline{BC}^2} = \sqrt{40^2 - 9^2} \approx 39 \text{（cm）}$$

$$M_P = P\,\overline{BD} = 200 \times 39 = 7800 \text{（N·cm）} = 78 \text{（N·m）}$$

答： P 对钉的作用力矩是 78N·m。

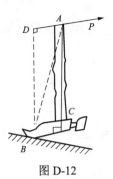

图 D-12

La3D5020 一铰接结构如图 D-13 所示，在结点 A 处悬挂一重物 $P=100$kN，两杆与铅重线均成 $\alpha=30°$，两杆长度相等，试求 AB 杆所受的力。

解：作受力分析见图 D-13，则 A 点的平衡方程式

$$\Sigma x = 0 \quad F_{AB}\sin30° - F_{AC}\sin30° = 0 \tag{1}$$

$$\Sigma y = 0 \quad F_{AB}\cos30° + F_{AC}\cos30° - P = 0 \tag{2}$$

由式（1）得 $F_{AB}=F_{AC}$，并代入式（2）得

$$2F_{AB}\cos30° = P$$

$$F_{AB} = \frac{P}{2\cos30°} = \frac{100}{2\times0.866} \approx 57.7 \text{（kN）}$$

答：AB 杆所受力为 57.7kN。

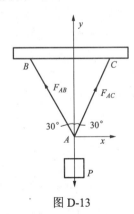

图 D-13

La2D2021 已知一标准直齿圆柱齿轮的模数为 8，求该齿轮分度圆上的周节。

解：$m = \dfrac{t}{\pi}$

则
$$t = \pi m = 3.14 \times 8 = 25.12 \ (\text{mm})$$

答：该齿轮分度圆上的周节是 25.12mm。

La2D3022 一块厚度 σ 为 50mm 的铜板，其导热系数 λ 为 374J，两表面温度 t_1 为 300℃，t_2 为 100℃。求通过单位面积铜板的导热量 q。

解：$q = \dfrac{\lambda \Delta t}{\sigma} = \dfrac{374 \times (300 - 100)}{0.05} = 1.496 \times 10^6 \ (\text{kJ})$

答：导热量 q 是 1.496×10^6 kJ。

La2D3023 制造一个没有盖的圆柱形铁皮水桶，高是 40cm，底面直径是 20cm，求做这个水桶需用铁皮的面积。

解：水桶底面积为

$$S_d = R^2 \pi = (0.5 \times 20)^2 \times 3.14 = 314 \ (\text{cm}^2)$$

侧面积为

$$S_c = 2R\pi H = 20 \times 3.14 \times 40 = 2512 \ (\text{cm}^2)$$

总面积为

$$S_{z} = S_d + S_c = 314 + 2512 = 2826 \ (\text{cm}^2) = 0.282 \ 6 \ (\text{m}^2)$$

答：该桶需用铁皮 0.282 6m²。

La2D4024 选用厚为 1cm 的钢板做一油罐，尺寸如图 D-14 所示（单位为 m）。问做此油罐需要多少平方米的钢板（精确到 0.01m²）？所需的钢板是多少千克？（精放到 1kg，钢的密度为 7.8g/cm³）

解：$S = 2(2\pi Rh) + 2\pi \sqrt{R^2 - (R - 0.3)^2} \times 10$

$$= 2 \times 2 \times 3.14 \times 1.5 \times 0.3 + 2$$
$$\times 3.14 \times \sqrt{1.5^2 - (1.5 - 0.3)^2} \times 10$$
$$= 5.652 + 56.52 \approx 62.17 \ (\text{m}^2)$$

$m = \rho V = \rho S \delta = 62.17 \times 0.01 \times 7.8 \times 1000 = 4849 \ (\text{kg})$

答：此油罐需 62.17m² 的钢板，共重 4849kg。

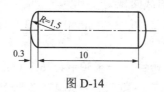

图 D-14

La2D5025 如图 D-15 所示，有一设备质量 $m = 1950\text{kg}$，因安装的需要，想把设备挂在 AC 和 BC 绳上，使两绳的设备重力方向夹角为 45° 和 30°，已知 AC 与 BC 绳允许承受的最大拉力为 14 000N，试计算设备能否挂在 AC 和 BC 绳上。（$g = 10\text{N/kg}$）

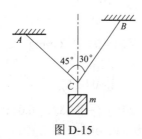

图 D-15

解：已知 $m = 1950\text{kg}$, $\alpha_1 = 45°$, $\alpha_2 = 30°$, $F_{\max} = 14\ 000\text{N}$。

设 AC 绳受的力为 F_{AC}，BC 绳受力为 F_{BC}。

由受力分析得

$$F_{AC}\cos45° + F_{BC}\cos30° = mg \qquad (1)$$

$$F_{AC}\sin45° = F_{BC}\sin30 \qquad (2)$$

解得 $F_{AC} = 9950\text{N}$ $F_{BC} = 13\ 900\text{N}$

因为 $F_{AC} < F_{BC} < 14\ 000\text{N}$

所以能把 m 挂在 C 点

答：能把 m 挂在 C 点。

La1D3026 边长为 6cm 的六角钢 0.5m，已知密度为 7.8kg/cm³，求这根六角钢的质量。

解：六角钢的截面积为

$$S = 1/2 \times 6 \times 6^2 \times \sin 60° = 93.53 (\text{cm}^2)$$

六角钢的体积为

$$V = sh = 93.53 \times 50 = 4676.5 （\text{cm}^3）$$

质量 $G = \rho v = 7.8 \times 4676.5 = 36\,476.7 （\text{g}） = 36.476\,7 （\text{kg}）$

答：这根六角钢的质量是 36.476 7kg。

Lb5D1027 计算孔 $\phi 25 H7 \begin{pmatrix} +0.021 \\ 0 \end{pmatrix}$ 和轴 $\phi 25 f6 \begin{pmatrix} -0.020 \\ -0.033 \end{pmatrix}$ 的公差值。

解：对于孔 $\phi 25 H7 \begin{pmatrix} +0.021 \\ 0 \end{pmatrix}$

$$Th = (0.021 - 0) = 0.021 （\text{mm}）$$

对于轴 $\phi 25 f6 - \begin{pmatrix} -0.020 \\ -0.033 \end{pmatrix}$

$$Ts = (-0.002\,0) - (-0.033) = 0.013 （\text{mm}）$$

答：孔公差值为 0.021mm，轴公差值为 0.013mm。

Lb5D1028 已知一千斤顶的螺纹螺距 t 为 2.5mm，螺纹头数 n 为 3，求螺纹旋转一周千斤顶上升高度。

解：$h = nt = 2.5 \times 3 = 7.5 （\text{mm}）$

答：千斤顶旋转一周可上升 7.5mm。

Lb5D1029 求尺 $\phi 25 j7 \begin{pmatrix} +0.013 \\ -0.008 \end{pmatrix}$ mm 的公差和极限尺寸。

解： $0.013 - (-0.008) = 0.021$ （mm）

$25 + 0.013 = 25.013$ （mm）

$25 - 0.008 = 24.992$ （mm）

答： 公差值为 0.021mm，最大极限尺寸是 25.013mm，最小极限尺寸是 24.992mm。

Lb5D1030 已知电动机轴转速为 980r/min，减速机的速比为 20，求减速机输出的转速。

解： 已知 $n_1 = 980\text{r/min}$，$i = 20$

$$i = \frac{n_1}{n_2}, \quad n_2 = \frac{n_1}{i} = \frac{980}{20} = 49 \text{ （r/min）}$$

答： 减速机输出轴的转速为 49r/min。

Lb5D2031 皮带传动的两轮，主动轮直径为 180mm，转速 n_1 为 1000r/min，若要使从动轮的转速 n_2 为 320r/min，试求从动轮的直径（精确到 1mm）。

解： 已知 $D_1 = 180\text{mm}$，$n_1 = 1000\text{r/min}$，$n_2 = 320\text{r/min}$

$$\frac{D_1}{D_2} = \frac{n_2}{n_1}$$

$$D_2 = \frac{n_1 D_1}{n_2} = \frac{1000 \times 180}{320} = 562.5 \approx 563 \text{ （mm）}$$

答： 从动轮的直径约为 563mm。

Lb5D2032 有一组用 B 型三角带的传动轮，电动机转速是 960r/min，从动轮外径为 500mm，主动轮外径为 160mm，计算传动比及从动轮转速。

解： 已知 $n_1 = 960\text{r/min}$，$D_1 = 160\text{mm}$，$D_2 = 500\text{mm}$

$$i = \frac{n_1}{n_2} = \frac{D_2}{D_1} = \frac{500}{160} = 3.125$$

$$n_2 = \frac{n_1}{i} = \frac{960}{3.125} = 307.2 \text{（r/min）}$$

答：它的传动比为 3.125，从动轮转速为 307.2r/min。

Lb5D2033　已知一圆柱形螺旋拉弹簧,刚度 K 为 37N/mm,许用载荷 P 为 340N，求在许用载荷下的伸长量。

解：$y = \dfrac{P}{K} = \dfrac{340}{37} = 9.2$（mm）

答：伸长量为 9.2mm。

Lb5D2034　皮带传动，已知主动轮节圆直径 D_1 为 200mm，从动轮节圆直径 D_2 为 400mm，主动轮转速 n_1 为 1500r/min，求从动轮转速。

解：$n_2 = \dfrac{D_1 n_1}{D_2} = \dfrac{200 \times 1500}{400} = 750$（r/min）

答：从动轮转速为 750r/min。

Lb5D2035　有一齿轮传动，小齿轮齿数 76，大齿轮齿数 304。求传动比。

解：已知　$Z_1 = 76$，$Z_2 = 304$。

$$i = \frac{Z_2}{Z_1} = \frac{304}{76} = 4$$

答：传动比为 4。

Lb5D3036　卸煤机链传动，已知主动链轮节圆直径 D_0 为 210mm，转速 n 为 100r/min，求链速。

解：$v = n\pi D_0 = 100 \times 3.14 \times 0.210 = 65.94$（m/min）= 1.1(m/s)

答：链速为 1.1m/s。

Lb4D1037 图纸上标出轴的尺寸为 $\phi 60j7\left(\begin{array}{c}+0.008\\-0.012\end{array}\right)$，写出该轴的基本尺寸和极限偏差。

答：基本尺寸为 60mm，上偏差为 +0.008mm，下偏差为 -0.012mm。

Lb4D1038 已知一圆柱齿轮顶圆直径 $D_顶$ 为 88mm，根圆直径 $D_根$ 为 70mm，齿轮 Z 为 20，求模数 M。

解：$M=\dfrac{D_顶}{Z+2}=\dfrac{88}{20+2}=4$

答：模数为 4。

Lb4D1039 有一带传动机构，主动轮直径 $D_1=240$mm，转速 $n_1=1470$r/min，从动轮直径 $D_2=360$mm，求从动轮的转速 n_2。

解：$\dfrac{n_1}{n_2}=\dfrac{D_2}{D_1}$

$n_2=\dfrac{n_1 D_1}{D_2}=\dfrac{1470\times 240}{360}=980$（r/min）

答：从动轮的转速为 980r/min。

Lb4D1040 已知一圆锥齿轮，m 为 10，Z 为 21，求分度圆直径 d、齿顶高 h_1、齿根高 h_2。

解：$d=mz=10\times 21=210$（mm）

$h_1=m=10$（mm）

$h_2=1.2$（cm）$=12$（mm）

答：分度圆直径为 210mm，齿顶高为 10mm，齿根高为 12mm。

Lb4D2041 输煤皮带机，测得主滚筒半径 R 为 500mm，皮带与滚筒接触弧长 L 为 1830mm，求包角 α。

解：$\alpha = \dfrac{L}{R} = \dfrac{1830}{500} = 3.66$（rad）$= 210°$

答：包角为 $210°$。

Lb4D2042 有一对相互啮合的标准直齿圆柱齿轮 $Z_1 = 40$，$Z_2 = 80$，求其传动比。

解：已知 $Z_1 = 40$，$Z_2 = 80$。

$$i = \frac{Z_2}{Z_1} = \frac{80}{40} = 2$$

答：传动比为 2。

Lb4D2043 有一液压千斤顶，其小活塞的面积 $A_1 = 1 \times 10^{-4}\text{m}^2$，大活塞的面积 $A_2 = 9 \times 10^{-4}\text{m}^2$，此千斤顶设计最大出力为 156.8kN，且活塞部分压杆截面积为 $5 \times 10^{-5}\text{m}^2$，此压杆许用应力 $[\delta] = 100\text{MPa}$，问此压杆 AB 能否被破坏？

解：

$$\frac{F_1}{A_1} = \frac{F_2}{A_2}$$

$$F_1 = \frac{F_2 A_1}{A_2} = \frac{156.8 \times 1000 \times 1 \times 10^{-4}}{9 \times 10^{-4}} = 1.742 \times 10^4 \text{（N）}$$

$$\delta_{\max} = \frac{F_1}{A} = \frac{1.742 \times 10^4}{5 \times 10^{-5}} = 348.4 \text{（MPa）}$$

即 $\delta_{\max} > [\delta]$

答：此压杆 AB 能够被破坏。

Lb4D2044 已知推土机液压系统中某一支管路流量 $Q = 0.6\text{m}^3/\text{min}$，流速 $v = 1\text{m/s}$，试求此压管内径。

解：$Q = 0.6\text{m}^3/\text{min} = 0.01\text{m}^3/\text{s}$

$\qquad Q = Av$

$$A = \frac{Q}{v} = 0.01 \ (\text{m}^2)$$

$$A = \pi R^2, \quad R = \sqrt{\frac{A}{\pi}} = \sqrt{\frac{0.01}{3.14}} \approx 0.056 = 56 \ (\text{mm})$$

$$D = 2R = 112\text{mm}$$

答：此液压管内径为 112mm。

Lb4D2045 已知一正方形立柱受力情况如图 D-16 所示，横截面的边长为 300mm，试求立柱的最大应力。

解：已知 $F = 90\text{kN} = 90\,000\text{N}$，$a = 300\text{mm} = 0.3\text{m}$

$$\delta_{\text{max}} = \frac{F}{A} = \frac{F}{a^2} = \frac{90\,000}{0.3^2}$$

$$= 1 \times 10^6 \ (\text{N/m}^2)$$

答：立柱的最大应力为 $1 \times 10^6 \text{N/m}^2$。

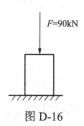

$F=90\text{kN}$

图 D-16

Lb4D3046 $\phi 30H7 \begin{pmatrix} +0.021 \\ 0 \end{pmatrix}$ 的孔与 $\phi 30g6 \begin{pmatrix} +0.048 \\ +0.035 \end{pmatrix}$ 的轴配合，求最大过盈和最小过盈。

解：$0.048 - 0 = 0.048 \ (\text{mm})$

$0.035 - 0.021 = 0.014 \ (\text{mm})$

答：最大过盈量为 0.048mm，最小过盈量为 0.014mm。

Lb4D3047 已知一轨道长 L 为 12m，材料线膨胀系数 α 为 4×10^{-6} 卡/（cm^2sL），冬夏两季最大温差 Δt 为 40℃，求冬夏

两季的长度差 Δl。

解： $\Delta l = \alpha L \Delta t = 4 \times 10^{-6} \times 40 \times 12\,000 = 1.92$（mm）

答： 冬夏两季的长度差为 1.92mm。

Lb4D3048　有一开式啮合齿轮箱，已知模数 $m = 6$，其中齿轮Ⅰ齿数 $Z_1 = 131$，齿轮Ⅱ齿数 $Z_2 = 169$，求两齿轮轴的中心距。

解： 已知　$m = 6$，$Z_1 = 131$，$Z_2 = 169$

$$A = \frac{1}{2}(d_1 + d_2) = \frac{m}{2}(Z_1 + Z_2)$$

$$= \frac{6}{2}(131 + 169) = 900（\text{mm}）$$

答： 两齿轮轴的中心距是 900mm。

Lb4D3049　已知一蜗轮蜗杆减速器的蜗杆线数 $Z_1 = 4$，蜗轮齿数 $Z_2 = 40$，蜗杆的转速 $n_1 = 150$r/min，求蜗轮内转速。

解： 已知　$Z_1 = 4$，$Z_2 = 40$，$n_1 = 1500$r/min

$$\frac{n_1}{n_2} = \frac{Z_2}{Z_1}$$

$$n_2 = \frac{n_1 Z_1}{Z_2} = \frac{4 \times 1500}{40} = 150（\text{r/min}）$$

答： 蜗轮内转数为 150r/min。

Lb4D4050　有一台皮带输送机圆弧齿数的 2 级减速器，已知电动机转速为 980r/min，第一级传动齿轮齿数为 $Z_1 = 18$，$Z_2 = 81$；第二级传动齿轮为 $Z_3 = 16$，$Z_4 = 83$，试求带式输送机头部滚筒的转速。

解： 已知　$n_1 = 980$r/min，$Z_1 = 18$，$Z_2 = 81$，$Z_3 = 16$，$Z_4 = 83$

$$i_1 = \frac{Z_2}{Z_1} = \frac{81}{18} \qquad i_2 = \frac{Z_4}{Z_3} = \frac{83}{16}$$

总传动比 $i = i_1 i_2 = \dfrac{81}{18} \times \dfrac{83}{16} \approx 23.34$

因为 $\qquad\qquad\qquad i = \dfrac{n_1}{n_2}$

所以 $\qquad\qquad n_2 = \dfrac{n_1}{i} = \dfrac{980}{23.34} \approx 42$ （r/min）

答：该输送机头部滚筒的转速为 42r/min。

Lb4D4051 一杆直径 d 为 50mm，受拉力 P 为 25kN，求其截面上最大正应力 σ_{max}。

解：$\sigma_{max} = \dfrac{P}{A} = \dfrac{25 \times 10^3}{\dfrac{\pi}{4} \times (0.05)^2} = 12.74$ （MPa）

答：截面上最大正应力为 12.74MPa。

Lb3D1052 已知轴的基本尺寸 D 为 25mm，最大极限尺寸为 24.993mm，最小极限尺寸为 24.980mm，求其公差。

解：公差 $= |24.993-24.980| = 0.013$ （mm）

答：公差为 0.013mm。

Lb3D1053 已知某链传动，n_1 为 750r/min，Z_1 为 20 齿，n_2 为 500r/min，求 Z_2。

解：$Z_2 = \dfrac{n_1 Z_1}{n_2} = \dfrac{750 \times 20}{500} = 30$ （齿）

答：Z_2 为 30 齿。

Lb3D2054 已知一组相互配合的轴与孔，轴的尺寸为 $\phi 30_{-0.020}^{-0.003}$，孔的尺寸为 $\phi 30^{+0.008}$，问属什么配合？最大、最小间隙多大？

解：（1）属间隙配合。

（2）最大间隙 = 30.008 - （30 - 0.020）= 0.028（mm）

（3）最小间隙 = 30 - （30 - 0.003）= 0.003（mm）

答：属间隙配合，最大间隙为 0.028mm，最小间隙为 0.003mm。

Lb3D2055 已知 Z 为 1，$D_顶$ 为 35mm，齿距 t 为 7.85mm，求螺杆特性系数 S。

解：$m_s = \dfrac{t}{\pi} = \dfrac{7.85}{3.14} = 2.5$

$S = \dfrac{D_顶}{m_s} = \dfrac{35}{2.5} = 12$

答：螺杆特性系数为 12。

Lb3D2056 已知轴的基本尺寸 $d = 50$mm，轴的最大极限尺寸 $d_{\max} = 49.993$mm，轴的最小极限尺寸为 $d_{\min} = 49.980$mm，求轴的极限偏差及公差。

解：轴的上偏差：$es = d_{\max} - d = 49.993 - 50$

$= -0.007$（mm）

轴的下偏差：$ei = d_{\min} - d = 49.980 - 50 = -0.02$（mm）

轴的公差：$T_s = |(-0.007) - (-0.02)|$

$= 0.013$（mm）

答：该轴的极限偏差为 $\phi 50^{-0.007}_{-0.02}$，公差为 0.013mm。

Lb3D2057 有一对链传动，小链轮转速 $n_1 = 48$r/min，大链轮转速 $n_2 = 24$r/min，已知小链轮齿数 $Z_1 = 17$，大链轮的应配多少齿数？

解：$i = \dfrac{n_1}{n_2} = \dfrac{48}{24} = 2$

因为 $i = \dfrac{Z_2}{Z_1}$，所以 $Z_2 = iZ_1 = 2 \times 17 = 34$（齿）

答：大链轮应配 34 齿。

Lb3D3058 已知一钢丝绳的截面积为 $2.4 \times 10^{-4}\mathrm{m}^2$，其许用应力 $[\delta] = 150\mathrm{MPa}$，此钢丝绳所受的最大拉力为多少？

解：已知 $A = 2.4 \times 10^{-4}\mathrm{m}^2$，$[\delta] = 150\mathrm{MPa} = 150 \times 10^6\mathrm{Pa}$。

$$[\delta] = \frac{F_{\max}}{A}$$

$F_{\max} = [\delta] A = 150 \times 10^6 \times 2.4 \times 10^{-4} = 3.6 \times 10^4$（N）

答：此钢丝绳所受的最大拉力为 $3.6 \times 10^4\mathrm{N}$。

Lb3D4059 已知一外啮合直齿标准圆柱齿轮，模数 $m = 3$，小齿轮齿轮 $Z_1 = 19$，大齿轮齿数 $Z_2 = 41$，试计算这对齿轮的分度圆直径、两齿轮中心距及速比 i。

解：

$$d_1 = Z_1 m = 19 \times 3 = 57 \text{（mm）}$$

$$d_2 = Z_2 m = 41 \times 3 = 123 \text{（mm）}$$

$$A = \frac{1}{2}(d_1 + d_2) = \frac{1}{2}(57 + 123) = 90 \text{（mm）}$$

$$i = \frac{Z_2}{Z_1} = \frac{41}{19} = 2.16$$

答：两齿轮的分度圆直径分别为 57mm 和 123mm，两轮中心距是 90mm，传动速比是 2.16。

Lb3D4060 已知轴 $\phi 30^{+0.042}_{+0.028}$ 与孔 $\phi 30^{+0.023}$ 配合，求最大与最小过盈值。

解：最大过盈 $= (30 + 0.042) - (30 + 0) = 0.042$（mm）

最小过盈 ＝（30＋0.028）－（30＋0.023）＝0.005（mm）

答：最大过盈值为 0.042mm，最小过盈值为 0.005mm。

Lb3D4061 有一根水平安装的槽钢，已知长度 L 为 0.8m，$[\sigma]$ 为 16MPa，槽钢弹性横量 W_y 为 $7.8 \times 10^{-6} m^3$，W_z 为 $39.7 \times 10^{-6} m^3$，问 "∩" 形和 "⊂" 形放置时各能承受多大的力 F。

解：（1）"⊂" 形放置时

$$F \leqslant \frac{W_z[\sigma]}{L} = \frac{39.7 \times 10^{-6} \times 16 \times 10^6}{0.8} = 794 （N）$$

（2）"∩" 形放置时

$$F \leqslant \frac{W_y[\sigma]}{L} = \frac{7.8 \times 10^{-6} \times 16 \times 10^6}{0.8} = 156 （N）$$

答："⊂" 形放置时承受力为 794N，"∩" 形放置时承受力为 156N。

Lb3D4062 计算孔 $\phi 25H7 \begin{pmatrix} +0.021 \\ 0 \end{pmatrix}$ 和轴 $\phi 25f6 \begin{pmatrix} -0.020 \\ -0.033 \end{pmatrix}$ 这对配合的极限间隙和平均间隙配合公差。

解：$X_{max} = E_s - e_i = 0.021 - (-0.033) = +0.054 （mm）$

$X_{min} = E_i - e_s = 0 - (-0.020) = +0.020 （mm）$

$X_v = (X_{max} + X_{min})/2 = \dfrac{0.054 + 0.020}{2} = 0.037 （mm）$

$T_1 = |X_{max} - X_{min}| = |0.054 - 0.020| = 0.034 （mm）$

答：最大极限间隙是 0.054mm，最小极限间隙是 0.020mm，平均间隙是 0.037mm，配合公差是 0.034mm。

Lb3D5063 有一重物质量 m=1000kg，它与地面的摩擦系数 μ=0.25，用一卷扬机进行水平拖运（匀速），运行速度 v=0.8m/s，此卷扬机最小功率应为多少？（其他功率损耗

不计）

解： 已知 $m = 1000\text{kg}$ $\mu = 0.25$，$v = 0.8\text{m/s}$。

$$F = f = mg\mu = 1000 \times 9.8 \times 0.25 = 2450 （\text{N}）$$

$$P_{\min} = Fv = 2450 \times 0.8 = 1960 （\text{W}） = 1.96\text{kW}$$

答： 此卷扬机最小功率为 1.96kW。

Lb2D1064 卸煤机链传动，已知输入功率 P 为 10kW，链速 v 为 3m/s，求作用在轴上的力 φ（取压力轴系数 k 为 1.3）。

解： 链传动时圆周力

$$F = \frac{1000P}{v} = \frac{1000 \times 10}{3} = 3333(\text{N})$$

$$\varphi = kF = 1.3 \times 3333 = 4333 （\text{N}）$$

答： 作用在轴上的力为 4333N。

Lb2D2065 有一个齿轮，模数为 5，节圆直径为 500mm，求其齿数。

解： $$d = mZ$$

$$Z = \frac{d}{m} = \frac{500}{5} = 100 （\text{齿}）$$

答： 齿数为 100 齿。

Lb2D2066 已知一传动轴直径 d 为 40mm，$[\tau]$ 为 30MPa，转速 n 为 200r/min，求能传动的最大功率。

解： $$W_p = \frac{\pi d^3}{16} = \frac{3.14 \times 4^3}{16} = 12.56 （\text{cm}^3） = 12.56 \times 10^{-6}\text{m}^3$$

$$P = \frac{W_p[\tau]n}{9.75 \times 10^3} = \frac{12.56 \times 10^{-6} \times 30 \times 10^6 \times 200}{9.75 \times 10^3} = 7.7 （\text{kW}）$$

答： 传递的最大功率为 7.7kW。

Lb2D3067　有一制动轮的直径 $d=300\text{mm}$，为阻止一扭矩 $M=150\text{N}\cdot\text{m}$，应给制动轮的最大摩擦力（外边）为多少？

解：
$$M=F\frac{d}{2}$$

$$F=\frac{2M}{d}=\frac{2\times150}{0.3}=1000\ (\text{N})\ =1\text{kN}$$

答：应给制动轮的最大摩擦力为 1kN。

Lb2D3068　某拉杆受力 F 为 50 000N，材料 $[\sigma]$ 为 120N/cm²，试确定拉杆直径 d。

解： $d\geqslant\sqrt{\dfrac{4F}{\pi[\sigma]}}=\sqrt{\dfrac{4\times5\times10^4}{3.14\times120}}=23.03\ (\text{mm})$

答：拉杆直径应取 25mm。

Lb2D3069　有一圆柱形压力容器，上盖为一圆形，直径为 1m，表压为 10MPa，上盖受压力为多少？

解：
$$S=\pi R^2=3.14\times0.5^2=0.785\ (\text{m}^2)$$

$$P=\frac{F}{S}$$

$$F=PS=10\times10^6\times0.785=7.85\times10^6\ (\text{N})$$

答：上盖受到 7.85×10^6N 的压力。

Lb2D3070　一根长 6000m、截面积为 6mm² 的铜线，求在常温下（20℃）时的电阻（$\rho=0.017\,5\Omega\cdot\text{m}$）。

解：已知　$L=6000\text{m}$，　$S=6\text{mm}^2$，　$\rho=0.017\,5\Omega\cdot\text{m}$。

$$R=\frac{\rho L}{S}=\frac{0.017\,5\times6000}{6}=17.5(\Omega)$$

答：在常温下电阻为 17.5Ω。

Lb2D3071 试求出 $\phi 12H8\left(\begin{array}{c}+0.027\\0\end{array}\right)$mm 的最大实体尺寸和最小实体尺寸。

解： $L_{max} = 12 + 0.027 = 12.027$（mm）

$L_{min} = 12 + 0 = 12$（mm）

答： 最大实体尺寸为 12.027mm，最小实体尺寸为 12mm。

Lb2D3072 某轴长 L 为 2.2m，用优质碳素钢制成（$\alpha = 1.2 \times 10^{-6}$），轴的工作温差 $\Delta t = 53℃$，求轴的伸长量。

解： $\Delta L = \alpha L \Delta t = 1.2 \times 10^{-6} \times 2200 \times 53 = 1.4$（mm）

答： 轴的伸长量为 1.4mm。

Lb2D3073 某普通滑动轴承，已知轴径 D 为 100mm，用于一般转动机械（$k = 0.002$），求顶间隙 a 和侧间隙 b。

解： $a = kD = 0.002 \times 100 = 0.2$（mm）

$b = \dfrac{a}{2} = 0.1$(mm)

答： 顶间隙为 0.2mm，侧间隙为 0.1mm。

Lb2D4074 两个零件装配，孔 $\phi 30\,^{+0.021}_{0}$mm，轴 $\phi 30\,^{+0.025}_{+0.015}$ 组成过渡配合，求最大间隙、最大过盈及配合公差。

解： 最大间隙 $X_{max} = D_{max} - d_{min}$

$= 30.021 - 30.015 = 0.006$（mm）

最大过盈 $Y_{max} = D_{min} - d_{max} = 30 - 30.025$

$= -0.025$（mm）

配合公差 $T_f = |X_{max} - Y_{max}| = |0.006 - (-0.025)|$

$= 0.031$（mm）

答： 最大间隙为 0.006mm，最大过盈为 -0.025mm，配合公差为 0.031mm。

Lb2D4075 有一对相互啮合的标准直齿圆柱齿轮，$Z_1 = 40$，$Z_2 = 60$，$m = 4\text{mm}$，求 Z_1 轮的分度圆直径 d_1，分度圆上周节 t_1，分度圆上的齿厚 S_1 和两轮的中心距 A。（精确到 0.1mm）

解：$d_1 = mZ_1 = 4 \times 40 = 160.0$（mm）

$t_1 = \pi m = 3.14 \times 4 = 12.6$（mm）

$$S_1 = \frac{t_1}{2} = 6.3 \text{（mm）}$$

$$A = \frac{1}{2}(d_1 + d_2) = \frac{m}{2}(Z_1 + Z_2)$$

$$= \frac{4}{2}(40 + 60) = 200.0 \text{（mm）}$$

答：Z_1 轮的分度圆直径是 160.0mm，分度圆上周节是 12.6mm，分度圆上的齿厚是 6.3mm，两轮中心距是 200.0mm。

Lb2D5076 如图 D-17 所示，圆柱直径为 120mm，重量为 200N，在力偶作用下，紧靠住垂直壁面，圆柱与水平面间的静摩擦数为 0.25（不考虑垂直面摩擦），求能使圆柱开始转动所需的力偶矩 M。

解：已知 $D = 120\text{mm}$，$G = 200\text{N}$，$\mu = 0.25$

$$F = f = G\mu = 200 \times 0.25 = 50 \text{（N）}$$

$$M = F\frac{D}{2} = 50 \times \frac{0.12}{2} = 3 \text{（N·m）}$$

答：使圆柱开始转动所需的力偶矩为 3N·m。

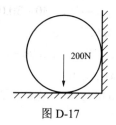

图 D-17

Lb1D2077 有一圈皮带，只测得内圈直径 D_1 为 0.5m，外圈直径 D_2 为 1.7m，带厚 σ 为 12mm，求这圈皮带的长度。

解：平均直径 $D = (D_1 + D_2)/2 = (0.5 + 1.7)/2 = 1.1(m)$

胶带层数 $n = \dfrac{D_2 - D_1}{2\sigma} = \dfrac{1.7 - 0.5}{2 \times 0.012} = 50$（圈）

带长 $L = \pi n D = 3.14 \times 50 \times 1.1 = 172.7$（m）

答：皮带的长度为 172.7m。

Lb1D2078 一对轮配合直径 d 为 150mm，配合过盈 J 为 0.03mm，对轮材料是 45 号钢（线膨胀系数 $\alpha = 1.1 \times 10^{-5}$），已知环境温度 t_0 为 25℃，求热装时需加热温度 t。

解：$\Delta = d/1000 = 150/1000 = 0.15(mm)$

$$\Delta t = t - t_0 = \dfrac{J + \Delta}{\alpha d} = \dfrac{0.15 + 0.03}{1.1 \times 10^{-5} \times 150} = 109（℃）$$

$t = \Delta t + t_0 = 109 + 25 = 134（℃）$

答：热装时需加热温度为 134℃。

Lb1D3079 型号为 $6 \times 37 + 1$ 的钢丝绳，钢丝直径 d 为 1.0mm，材料 σ_b 为 170kg/mm^2，求钢丝绳的破断拉力。

解：钢丝根数 $n = 6 \times 37 = 222$（根）

钢丝总截面面积 $S = \dfrac{n \pi d^2}{4} = \dfrac{222 \times 3.14 \times 1^2}{4} = 174.3$（mm^2）

$N = \varphi \sigma_b s = 0.82 \times 174.3 \times 170 = 24\ 293$（kg）$= 238\ 071.4$（N）

答：钢丝绳的破断拉力为 238 071.4N。

Lb1D3080 已知煤与皮带的滑动摩擦系数 k 为 0.45，求皮带允许的最大倾角。

解：$\alpha = \arctan k = \arctan 0.45 = 24°23'$

答：允许的最大倾角为 24°23′。

Jd5D2081 用精度为 $\dfrac{0.2}{1000}$ 的水平仪测量一水平板的水平，气泡偏向一侧 3 格，问 2m 处的水平误差是多少？

解：$2000 \times 3 \times \dfrac{0.2}{1000} = 1.2$（mm）

答：2m 处的水平误差是 1.2mm。

Jd5D3082 某班组要做一只底面为圆形的油桶，已知桶的底面直径为 300mm，桶高为 500mm，需用铁皮多少平方米？

解：已知 $D = 300\text{mm} = 0.3\text{m}$，$h = 500\text{mm} = 0.5\text{m}$

需铁皮的面积为桶的侧面积与底面积之和，即

$$S_c = \pi D h = 3.14 \times 0.3 \times 0.5 = 0.471 \ (\text{m}^2)$$

$$S_d = \pi R^2 = 3.14 \times \left(\dfrac{0.3}{2}\right)^2 \approx 0.071 \ (\text{m}^2)$$

$$S = S_d + S_c = 0.471 + 0.071 = 0.542 \ (\text{m}^2)$$

答：需铁皮共 0.542m²。

Jd5D4083 如图 D-18 所示，用一扁钢 $t = 30\text{mm}$，做成 90° 圆弧，半径 $R = 200\text{mm}$，求下料长度。

解：由公式得

$$L = \dfrac{\pi\left(R + \dfrac{t}{2}\right)\alpha}{180°}$$

$$= \dfrac{3.14 \times \left(200 + \dfrac{30}{2}\right) \times 90°}{180°}$$

$$= 337.55 \ (\text{mm})$$

答：下料长度为 337.55mm。

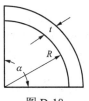

图 D-18

Jd4D1084 用杠杆撬 1000kg 的重物，已知重臂长 0.25m，力臂长 2.5m，需加多大的力？

解：$F = 1000 \times \dfrac{0.25}{2.5} = 100$（kg）$= 980$（N）

答：需加力 980N。

Jd4D2085 已知煤的体积 $V = 50 \text{m}^3$，煤的密度 $\rho = 1.1 \text{t/m}^3$，求煤的质量 G。

解：$G = V\rho = 50 \times 1.1 = 55$（t）

答：煤的质量是 55t。

Jd4D3086 测量一个长 1000mm 尺寸的误差为 0.01mm，测量另一个长 10 000mm 尺寸误差为 0.10mm，问前后两者的测量精度哪个高？

解：由于测量两个长度不同的杆，所以可用相对误差来表示，即

$$S_1 = 0.01/1000 \times 100\% = 0.001\%$$

$$S_2 = 0.10/10\,000 \times 100\% = 0.001\%$$

因为 $S_1 = S_2$

所以前后两者测量精度是一样高。

答：两者测量精度是一样高。

Jd4D3087 在用丝锥攻丝时，所用攻丝扳手总长为 300mm，且丝锥攻丝过程中需力偶矩为 150N•m，求作用于攻丝扳手上

的最小力。

解：已知 $L=300\text{mm}$，$M=150\text{N}\cdot\text{m}$，则

$$M=FL$$

$$F=\frac{M}{L}=\frac{150}{\dfrac{0.3}{2}}=100（\text{N}）$$

答：作用于攻丝手上的最小力为 100N。

Jd4D4088 一个空心钢球重 100kg，测得外径为 450mm，求钢球的内径。（钢的密度为 7.8g/cm^3）

解：已知 $G=100\text{kg}$，$R_\text{w}=\dfrac{450}{2}=225\text{mm}=2.25\text{dm}$，

$\rho=7.8\text{g/cm}^3=7.8\text{kg/dm}^3$，则

$$V_0=\frac{G}{\rho}=\frac{100}{7.8}=12.82（\text{dm}^3）$$

$$V_0=V_\text{w}-V_\text{n}$$

$$V_\text{w}=\frac{4}{3}\pi R_\text{w}^3=\frac{4}{3}\times3.14\times2.25^3=47.689（\text{dm}^3）$$

$$V_\text{n}=V_\text{w}-V_0$$

$$=\frac{4}{3}\times3.14\times R_\text{n}^3=47.689-12.82=34.869$$

$$R_\text{n}=\sqrt[3]{\frac{3\times34.869}{4\times3.14}}$$

$$=\sqrt[3]{8.328}=2.027（\text{dm}）=202.7\text{mm}$$

$$d_\text{n}=2R_\text{n}=2\times202.7=405.4（\text{mm}）$$

答：钢球的内径为 405.4mm。

Jd3D2089 一对相互啮合的直齿圆柱齿轮，压力角为 20°，

如果中心距 A 增大 0.1mm，齿轮侧隙将有什么变化？

解： $\Delta Cn = 2\Delta A \sin 20° = 2 \times 0.1 \times 0.342 = 0.0684$ （mm）

答： 齿轮侧隙将增大 0.0684mm。

Jd3D2090 已知焊缝长 L 为 10m，焊缝断面积 F 为 5cm^2，如使用钢焊条焊接时，试估计焊条的实际耗量。（取损失系数 $k=1.3$，钢 $\rho=7.8$g/cm^2）

解： $G = FL\rho k = 5 \times 1000 \times 7.8 \times 1.3 = 253.5$ （kg）

答： 焊条的实际耗量为 253.5kg。

Jd3D3091 用 0～300mm、0.05mm 精度的游标卡尺，内长爪厚度为 10mm，测量内孔尺寸读数为 288.73mm，孔的直径为多少？

解： $288.73 + 10 = 298.73$ （mm）

答： 孔的直径为 298.73mm。

Jd3D4092 要起吊 300kg 的重物，要选直径多少毫米的麻绳？（已知麻绳许用应力为 $[\sigma] = 9.8$N/mm^2）

解： $[\sigma] = FS$

$$S = \frac{F}{[\sigma]} = \frac{300 \times 9.8}{9.8} = 300 \text{（mm}^2\text{）}$$

$$S = 2\pi \left(\frac{d}{2}\right)^2$$

$$d = 2\sqrt{\frac{S}{2\pi}} = 2 \times \sqrt{\frac{300}{2 \times 3.14}} = 13.82 \text{（mm）}$$

因此 d 应取 14mm。

答： 需选用 ϕ14 的麻绳。

Jd2D4093 用方框水平仪（尺寸为 200mm×200mm，精

度为 $\dfrac{0.22}{1000}$），测量导轨的直线度，已得最大误差格数为 5 格，求直线度最大误差值。

解：$\Delta = 5 \times \dfrac{0.22}{1000} \times 200 = 0.02$ （mm）

答：直线度最大误差值为 0.02mm。

Je5D3094 有一减速机上下靠螺栓紧固，已知此螺栓拧紧力矩为 80N·m，用长度为 300mm 的扳手松开，求松开此螺栓需要的力。（不计其他阻力）

解：$M = FL$

$$F = \dfrac{M}{L} = \dfrac{80}{0.3} \approx 266.7 \text{（N）}$$

答：松开此螺栓需要 266.6N 的力。

Je4D3095 柴油机气缸盖某螺栓的拧紧力矩为 60N·m，扳手的长度为 20cm，试求扭紧此螺栓所需用的力。

解：$M = 60$N·m，$L = 20$cm $= 0.20$m，则

$M = FL$

$$F = \dfrac{M}{L} = \dfrac{60}{0.2} = 300 \text{（N）}$$

答：所需用的力为 300N。

Je3D3096 计算图 D-19 中压板夹紧力 W。

解：$300P = （300 + 200）W$

$$W = \dfrac{300P}{500} = \dfrac{300 \times 100}{500} = 60 \text{（N）}$$

答：压板夹紧力为 60N。

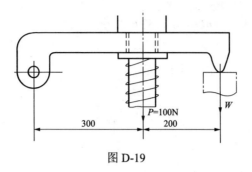

图 D-19

Je3D5097　某搅拌机采用带传动，选用 02 型异步电动机，其额定功率 $P_0 = 2.2\text{kW}$，转速 $n_1 = 1430\text{r/min}$，总机械效率 $\eta = 0.9$，且主动轮直径 $D_1 = 150\text{mm}$，$D_2 = 300\text{mm}$，试求从动轮的转速及轴的输出功率。

解：已知　$P_0 = 2.2\text{kW}$，$n_1 = 1430\text{r/min}$，$\eta = 0.9$，$D_1 = 150\text{mm}$，$D_2 = 300\text{mm}$，则

$$P_2 = P_0\eta = 2.2 \times 0.9 = 1.98 \text{（kW）}$$

$$\frac{n_1}{n_2} = \frac{D_2}{D_1}$$

$$n_2 = \frac{n_1 D_1}{D_2} = \frac{1430 \times 150}{300} = 715 \text{（r/min）}$$

答：从动轮的转速为 715r/min，轴输出功率为 1.98kW。

Je2D4098　利用悬臂堆取料机上煤，其取料出力为 800t/h，如贮煤用筒仓如图 D-20 所示，煤的密度为 1t/m^3，共有 6 个同样煤仓，求上满煤所需时间。

解：已知　$D=8\text{m}$，$h=15\text{m}$，$n=6$，$p=800\text{t/h}$，$\rho = 1\text{t/m}^3$，则

$$V = \pi R^2 h = \frac{1}{4}\pi D^2 h = \frac{1}{4} \times 3.14 \times 8^2 \times 15$$

$$= 753.6 \text{（m}^3\text{）}$$

$$G = V\rho = 753.6 \times 1 = 753.6 \text{（t）}$$

$$T = \frac{nG}{p} = \frac{6 \times 753.6}{800} = 5.65 \ (\text{h})$$

答：上满煤需 5.65h。

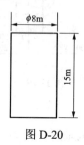

图 D-20

Je2D5099 单级齿轮减速器，电动机的功率是 7.5kW，转速为 1450r/min，减速箱中两个齿轮的齿数为 $Z_1 = 20$，$Z_2 = 40$，减速器的机械效率 $\eta = 0.9$，求输出轴能传递的力偶矩值 M 和功率 P。

解：已知 $P_0 = 7.5\text{kW}$，$n_1 = 1450\text{r/min}$，$Z_1 = 20$，$Z_2 = 40$，$\eta = 0.9$，则

$$P = P_0 \eta = 7.5 \times 0.9 = 6.75 \ (\text{kW}),$$

$$n_2 = \frac{n_1 Z_1}{Z_2} = \frac{1450 \times 20}{40} = 725 \ (\text{r/min})$$

$$M = 9549 \frac{P}{n_2} = 9549 \times \frac{6.75}{725} = 88.9 \ (\text{N} \cdot \text{m})$$

答：输出轴能传递的力偶矩为 88.9N·m，功率为 6.75kW。

Je1D3100 一水泵转子重 $G = 500\text{kg}$，配重圆直径 D 为 1000mm，转子转速 n 为 3000r/min，初振幅 S_a 为 0.32mm，求按固移配重法需加重量 W。

解：$W = 250 S_a \dfrac{G}{D} \left(\dfrac{300}{n}\right)^2 = 250 \times 0.32 \times \dfrac{500}{1000} \times \left(\dfrac{300}{3000}\right)^2 = 0.4 \ (\text{kg})$

答：需加重量为 0.4kg。

4.1.5　绘图题

La5E1001　作出图 E-1 中点 R（0，0，30）的三面投影。
答：如图 E-1′所示。

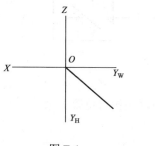

图 E-1

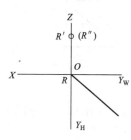

图 E-1′

La5E2002　写出图 E-2 中给定两直线相对位置关系。
　　答：平行。

La4E1003　补全图 E-3 中点 g 在 H 的三面投影。
　　答：如图 E-3′所示。

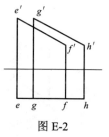

图 E-2

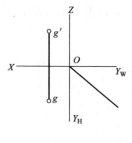

图 E-3

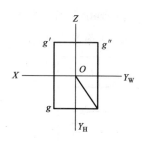

图 E-3′

La4E2004　补全图 E-4 的视图及其表面上线的三面投影。

答：如图 E-4′所示。

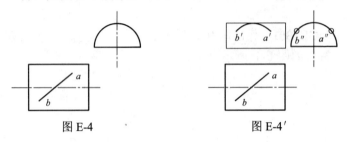

图 E-4　　　　　　　　　　　　图 E-4′

La4E2005　写出图 E-5 中两直线相对位置关系。

答：平行。

La3E2006　写出图 E-6 给定两直线相对位置关系。

答：相交。

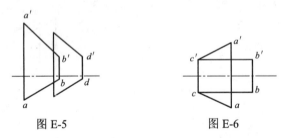

图 E-5　　　　　　　　　　　　图 E-6

La3E2007　补全图 E-7 的视图及其表面上的三面投影。

答：如图 E-7′所示。

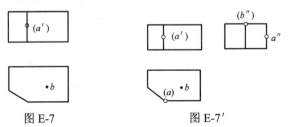

图 E-7　　　　　　　　　　　　图 E-7′

La2E2008 写出图 E-8 中两直线相对位置关系。

答：相交。

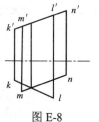

图 E-8

Lb5E1009 画出图 E-9 所示视图中漏掉的图线。

答：如图 E-9′所示。

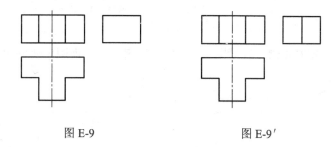

图 E-9   图 E-9′

Lb5E2010 根据图 E-10 所示立体图画出三视图。

答：如图 E-10′所示。

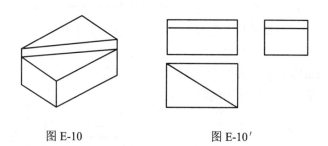

图 E-10   图 E-10′

Lb5E2011 指出图 E-11 螺纹画法中的错误，并改正。

答：如图 E-11′所示。

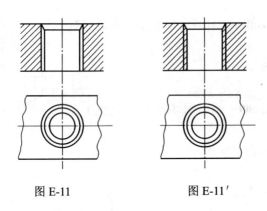

图 E-11   图 E-11′

Lb5E3012 看懂图 E-12 所示视图，补出视图中所漏掉的图线。

答：如图 E-12′所示。

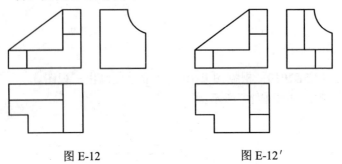

图 E-12   图 E-12′

Lb5E3013 补画图 E-13 的第三视图。

答：如图 E-13′所示。

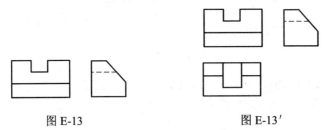

图 E-13   图 E-13′

Lb5E3014　补画图 E-14 的主视图及截交相贯线。

答：如图 E-14′所示。

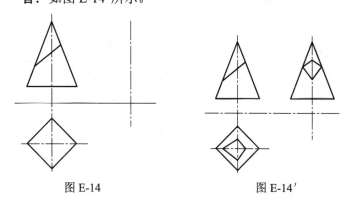

图 E-14　　　　　　　　　图 E-14′

Lb5E3015　补画图 E-15 的视图及截交相贯线。

答：如图 E-15′所示。

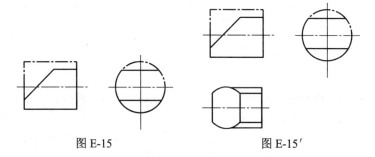

图 E-15　　　　　　　　　图 E-15′

Lb5E3016　分析图 E-16 所示半剖视图，补出遗漏的图线。

答：如图 E-16′所示。

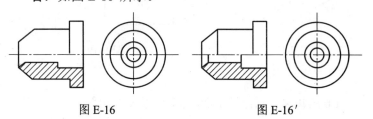

图 E-16　　　　　　　　　图 E-16′

Lb5E3017 根据图 E-17 所示立体图画三视图。

答： 如图 E-17′所示。

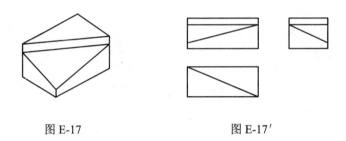

图 E-17　　　　　　　　　　图 E-17′

Lb4E1018 补画图 E-18 的俯视图。

答： 如图 E-18′所示。

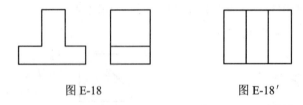

图 E-18　　　　　　　　　　图 E-18′

Lb4E1019 根据图 E-19 所示立体图画出三视图。

答： 如图 E-19′所示。

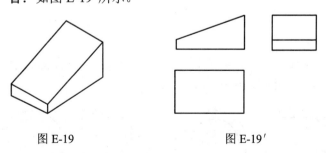

图 E-19　　　　　　　　　　图 E-19′

Lb4E2020 画出图 E-20 视图中漏掉的图线。

答：如图 E-20′所示。

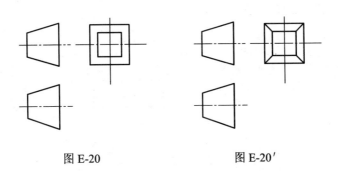

图 E-20   图 E-20′

Lb4E2021 根据图 E-21 所示立体图画出三视图。

答：如图 E-21′所示。

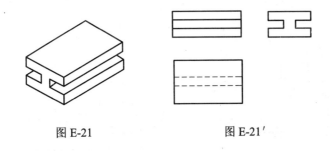

图 E-21   图 E-21′

Lb4E2022 根据图 E-22 所示立体图画出三视图。

答：如图 E-22′所示。

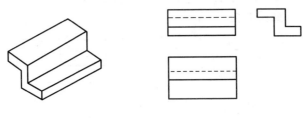

图 E-22   图 E-22′

Lb4E2023 根据图 E-23 所示立体图画出三视图。

答：如图 E-23′所示。

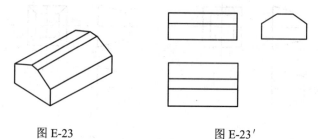

图 E-23   图 E-23′

Lb4E3024 看懂图 E-24 所示视图，补画视图中所漏掉的图线。

答：如图 E-24′所示。

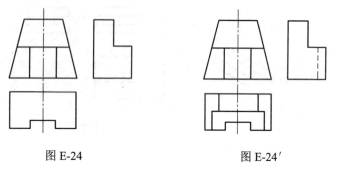

图 E-24   图 E-24′

Lb4E3025 补画图 E-25 的第 3 个投影图。

答：如图 E-25′所示。

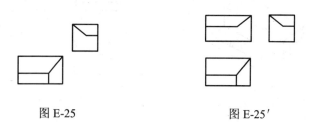

图 E-25   图 E-25′

Lb4E3026 补画图 E-26 的视图及截交相贯线。

答：如图 E-26′所示。

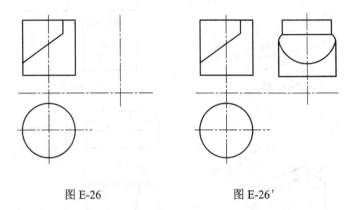

图 E-26   图 E-26′

Lb4E3027 分析图 E-27 的全部视图，补画遗漏的图线。

答：如图 E-27′所示。

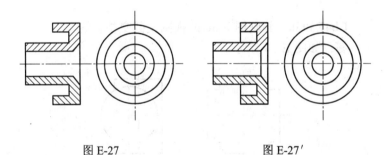

图 E-27   图 E-27′

Lb4E4028 按比例画出图 E-28 所示立体图的三视图。
答：如图 E-28′所示。

Lb4E4029 根据图 E-29 所示立体图，补画三视图。
答：如图 E-29′所示。

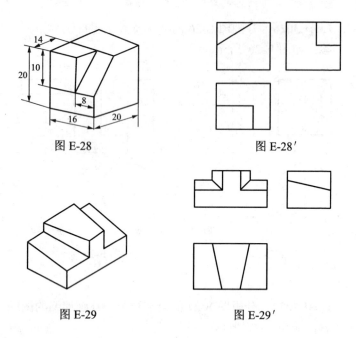

图 E-28   图 E-28′

图 E-29   图 E-29′

Lb4E3030　补画图 E-30 的视图及截交相贯线。

答：如图 E-30′所示。

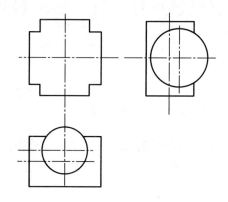

图 E-30

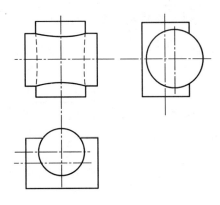

图 E-30′

Lb4E4031 指出图 E-31 所示螺纹连接是否正确,如错误,并改正。

答:错误,正确图如图 E-31′所示。

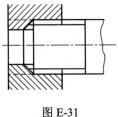

图 E-31

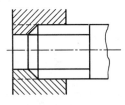

图 E-31′

Lb3E2032 补画图 E-32 的俯视图。

答:如图 E-32′所示。

图 E-32

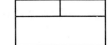

图 E-32′

Lb3E2033 根据图 E-33 所示立体图画出三视图。

答：如图 E-33′所示。

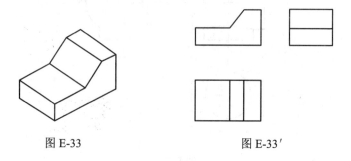

图 E-33   图 E-33′

Lb3E2034 补画图 E-34 的左视图。

答：如图 E-34′所示。

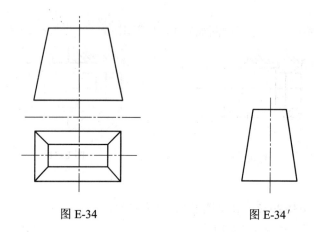

图 E-34   图 E-34′

Lb3E2035 根据图 E-35 所示立体图画出三视图。

答：如图 E-35′所示。

Lb3E2036 补画图 E-36 的剖视图。

答：如图 E-36′所示。

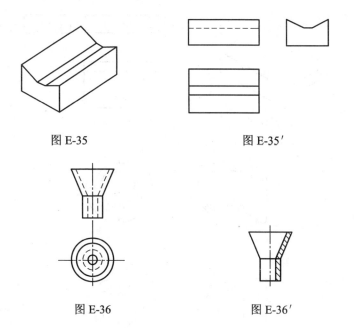

图 E-35   图 E-35′

图 E-36   图 E-36′

Lb3E3037 补全图 E-37 的俯视图。

答：如图 E-37′所示。

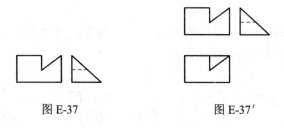

图 E-37   图 E-37′

Lb3E3038 根据图 E-38 所示立体图画出三视图。

答：如图 E-38′所示。

Lb3E3039 分析图 E-39 全剖视图，补出遗漏的图线。

答：如图 E-39′所示。

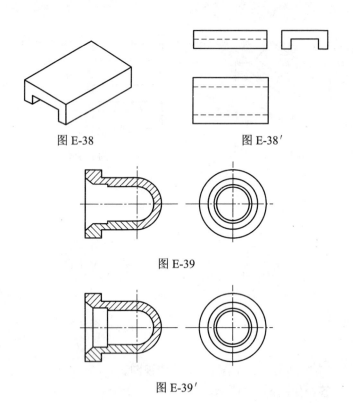

图 E-38   图 E-38′

图 E-39

图 E-39′

Lb3E3040   根据图 E-40 所示立体图画出物体的三视图。

答：如图 E-40′所示。

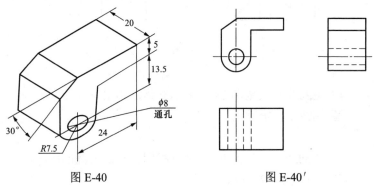

图 E-40   图 E-40′

Lb3E5041 补画图 E-41 的视图及截交相贯线。

答：如图 E-41′所示。

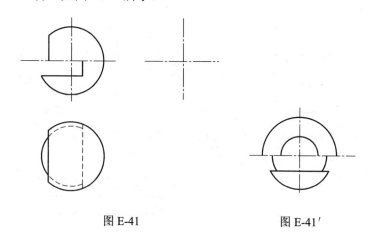

图 E-41   图 E-41′

Lb3E2042 如图 E-42 所示，侧视图作全剖，俯视图作 *A–A* 处全剖，主视图作局部剖，见图 E-42。

答：如图 E-42′所示。

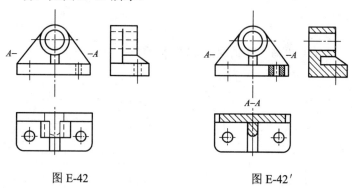

图 E-42   图 E-42′

Lb2E2043 根据图 E-43 所示立体图画三视图。

答：如图 E-43′所示。

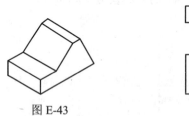

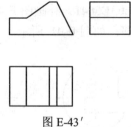

图 E-43　　　　　　　　　图 E-43′

Lb2E3044　根据图 E-44 所示立体图画出三视图。

答：如图 E-44′所示。

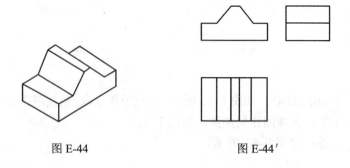

图 E-44　　　　　　　　　图 E-44′

Lb2E3045　补画图 E-45 的视图。

答：如图 E-45′所示。

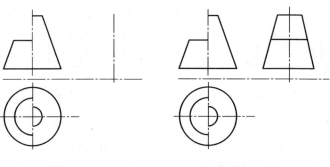

图 E-45　　　　　　　　　图 E-45′

Lb2E4046 补画图 E-46 的视图及截交相贯线。

答：如图 E-46′所示。

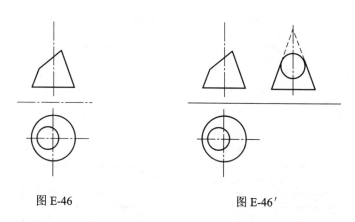

图 E-46   图 E-46′

Lb2E4047 画出图 E-47 所示视图中漏掉的图线。

答：如图 E-47′所示。

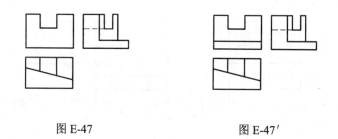

图 E-47   图 E-47′

Lb2E5048 根据图 E-48 所示立体图画出三视图。

答：如图 E-48′所示。

Lb2E5049 分析图 E-49 的全剖视图，补出遗漏的图线。

答：如图 E-49′所示。

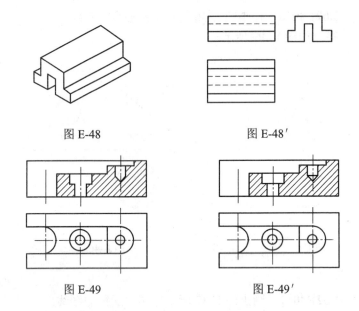

图 E-48   图 E-48′

图 E-49   图 E-49′

Lb1E3050   请根据图 E-50 所示二投影，补画第三投影。

答：如图 E-50′所示。

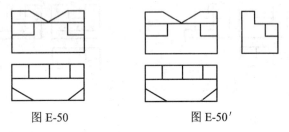

图 E-50   图 E-50′

Lb1E4051   如图 E-51 所示，在指定位置画出移出剖视图。

答：如图 E-51′所示。

Jd5E1052   垂直线如何划？

解：见图 E-52′，具体步骤如下：

（1）作直线 AB，在直线上定点 O。

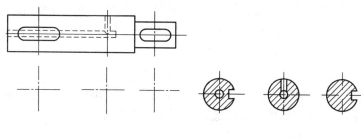

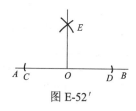

图 E-51   图 E-51′

（2）以 O 为圆心，任意长为半径，划弧与 AB 交于 C、D。

（3）分别以 C、D 为圆心，大于 $\dfrac{1}{2}CD$ 之长为半径画弧交于点 E。

图 E-52′

（4）连接 OE，即为所求垂直线。

Jd5E1053　如何将线段分为 6 等分？

解：见图 E-53′，具体步骤如下：

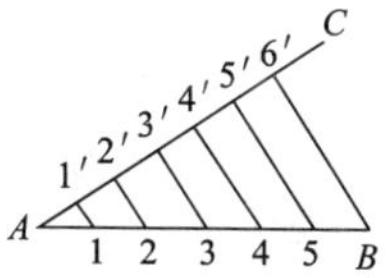

（1）作线段 AB。

（2）以 A 点作一斜线 AC。

（3）在 AC 上以任意长度截取 6 等份，$1'$，$2'$，$\cdots$，$6'$。

图 E-53′

（4）连接 $6'B$。

（5）分别以 $5'$、$4'$、$3'$、$2'$、$1'$点作 $6'B$ 的平行线，交于 AB 得 5…，2，1，即将线段 AB 平分为 6 等份。

Jd5E2054　作 30°角。

解：见图 E-54′，具体步骤如下：

（1）在直线上定 O 点。

（2）以 O 为圆心，任意长为半径划弧交直线于 A 和 B。

（3）分别以 O、B 为圆心，OB 长为半径划弧交于 C，连 AC，则∠CAB 即为所求 30°角。

Jd5E3055 作 1 个等腰梯形，使下底为 50cm，高为 25cm，腰为 30cm（只留作图痕迹，不写作图步骤）。

答：如图 E-55′所示。

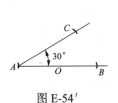

图 E-54′

图 E-55′

Jd4E1056 过已知直线 AB 上的一点 P，作一直线垂直于直线 AB。

答：如图 E-56′所示。

Jd4E1057 将已知线段 AB 4 等分。

答：如图 E-57′所示。

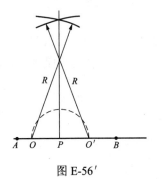

图 E-56′

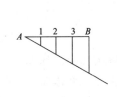

图 E-57′

Jd4E1058　将已知线段 *AB* 5 等分。

答：如图 E-58′所示。

Jd4E2059　将已知角二等分。

解：如图 E-59′所示。具体步骤如下：

（1）已知角 *AOB*，以 *O* 点为圆心，任意长为半径划弧交 *OA* 于 1，交 *OB* 于 2。

（2）分别以 1、2 点为圆心，任意长为半径划弧交于 *C*。

（3）*CO* 连线即为角的二等分线。

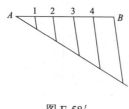

图 E-58′

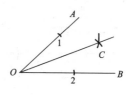

图 E-59′

Jd4E3060　截分定直线五等份。

解：如图 E-60′所示。

（1）作线段 *AB*。

（2）以 *A* 点作一斜线 *AC*。

（3）在 *AC* 上以任意长度截取五等份，1′，2′，…，5′。

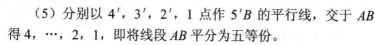

图 E-60′

（4）连接 6′*B*。

（5）分别以 4′，3′，2′，1 点作 5′*B* 的平行线，交于 *AB* 得 4，…，2，1，即将线段 *AB* 平分为五等份。

Jd4E3061　在指引线上写出图 E-61 所指表面的名称。

答：（1）平面；（2）圆柱面；（3）球面；（4）球面；（5）平面。

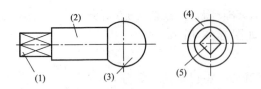

图 E-61

Jd3E2062 用三角板为工具作一个正六边形。

答： 用 60° 三角板作正六边形方法如图 E-62′所示。

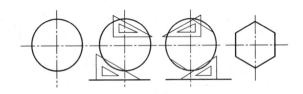

图 E-62′

Jd3E3063 作圆内正五边形（要求写出作图步骤）。

解： 如图 E-63′所示。具体步骤如下：

（1）作中垂线定 O 点。

（2）以 O 点为圆心，已知半径划圆交中垂线于 A、B、C、D。

（3）以 A 为圆心，AO 为半径划弧交于 1 和 2。

（4）连接 1、2，连线交 AO 于 E 点。

（5）以 E 为圆心，EB 为半径划弧交 OC 于 F 点。

（6）以 B 为圆心，BF 为半径，划弧交圆于 G，BG 即为五边形一边长。

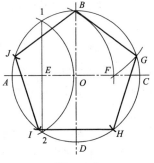

图 E-63′

（7）用 BG 长在周围上，依次截取 H、I、J 三点，各点连接即为正五边形。

Jd3E5064 画一个天圆地方过渡节零件图（D=800，长方形尺寸 1400×1200，高 1500，按所给尺寸及合适比例画）。

答：画法如图 E-64′所示。

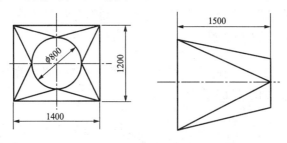

图 E-64′

Jd2E4065 已知圆 O，使用钢板尺、划规、划针用作图法求圆 O 的圆周长展开长度。

答：作法见图 E-65′。具体步骤如下：

（1）作圆 O 的互相垂直的两条直径：1-2、3-4，过 3 点作圆的切线并截取 6R=3-7 得 7 点。

（2）以点 2 为圆心，R 为半径画弧交圆 O 于 5 点，过 5 点作 1-2 的平行线，交 3-4 线得 6 点，连接 6、7 两点，则线段 6-7 即为该圆的周长。

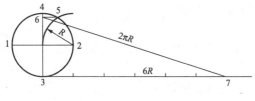

图 E-65′

Jd1E3066 已知一圆，请用钢板尺、划规、划针做圆的内接正五边形。

答：如图 E-66′所示。

（1）过圆心 *O* 作 *AB* 垂直于 *CD*，并作 *AO* 线段的垂直平分线交圆 *E* 点。

（2）以 *E* 为圆心，*CE* 为半径，画弧交 *AB* 于 *F* 点。

（3）以 *C* 为圆心，*CF* 为半径，画弧交圆 *C* 两点。

（4）以 *CF* 截圆，并连接得圆内接正五边形。

Je5E2067 画出一个正六棱柱的二视图，并标注尺寸。

答：如图 E-67′所示。

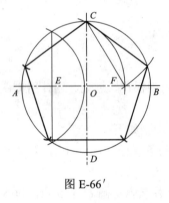

图 E-66′

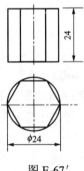

图 E-67′

Je5E2068 画出一个圆台的二视图，并标注尺寸。

答：如图 E-68′所示。

Je5E2069 根据 E-69 所示立体图画出三视图。

答：如图 E-69′所示。

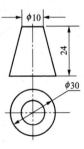

图 E-68′

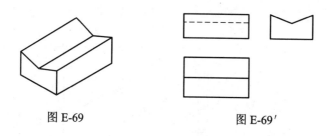

图 E-69   图 E-69′

Je5E3070 按图 E-70 所示立体图，以 M1:1 画出主视图和左视图。

答：如图 E-70′所示。

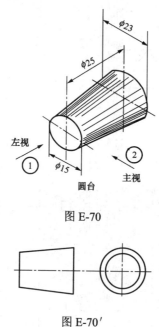

图 E-70

图 E-70′

Je5E3071 指出图 E-71 中指定装置的名称。

答：1—主皮带机；2—进料皮带机；3—悬臂皮带机；4—斗轮及斗轮装置；5—驱动台车；6—门架。

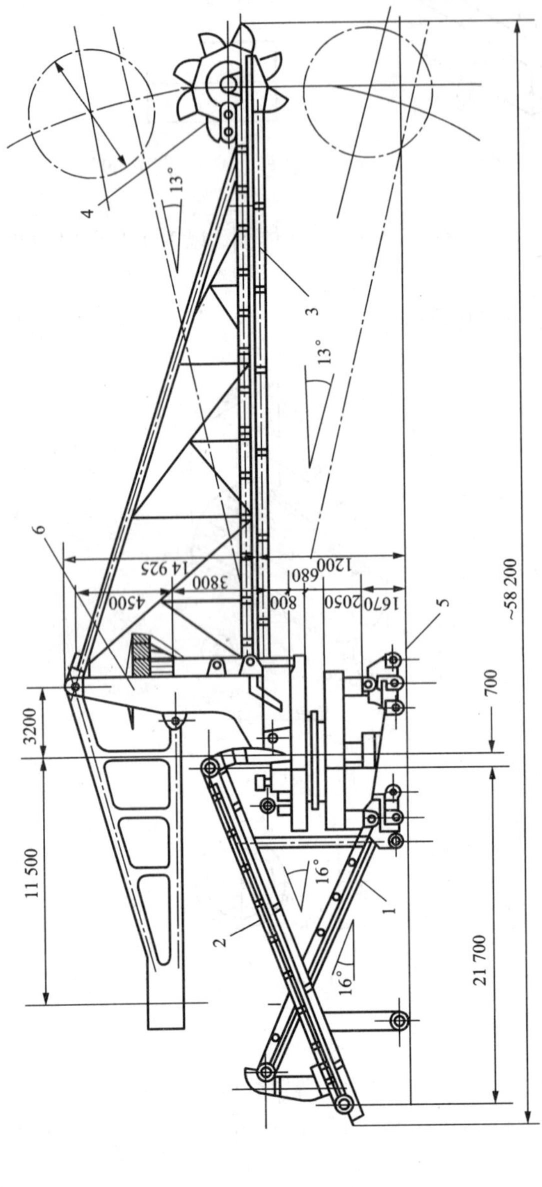

图 E-71　DQ5030 型半轮堆取料机

Je4E3072　画出斗轮传动系统工作原理图，并指出各部件名称。

答：如图 E-72′所示。

Je4E3073　绘出六角标准螺栓 M24×70 的加工图（不标注尺寸）。

答：如图 E-73′所示。

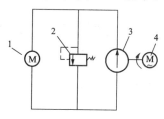

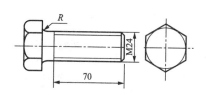

图 E-72′　半轮传动系统
工作原理图

图 E-73′

1—液压马达；2—溢流阀；
3—油泵；4—电动机

Je4E3074　指出图 E-74 所示装配图中指定零件的名称。

答：1—螺栓；2—轴承端盖；3—轴承；4—调整螺丝；5—压盖；6—轴；7—调整垫片。

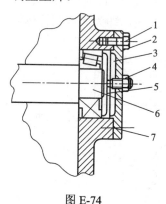

图 E-74

Le4E3075 画出斗轮机回转油系统工作原理图，并指出各种部件名称。

答：如图 E-75′所示。

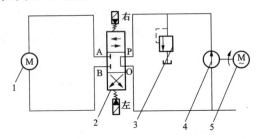

图 E-75′ 回转油系统工作原理图
1—回转液压马达；2—三位四通换向阀；
3—溢流阀；4—油泵；5—电动机

Je4E4076 作斜截圆柱体的展开图。

解：见图 E-76′。

（1）将俯视图半圆周 6 等分，等分点为 1′，2′，…，7′。

（2）通过各等分点向上作垂线，主视图切线上得到 1，2，…，7。

（3）作 BD 延长线，截取 $B'B''=\pi D$，在πD 上，照录各等分点作垂线，与正面图切线上的各点所引水平线得对应相交点，连接相交点的圆滑曲线，即为斜截圆柱体的展开图。

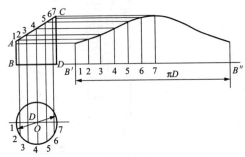

图 E-76′

Je4E4077 改正图 E-77 所示螺纹连接画法中存在的错误。

答：如图 E-77′所示。

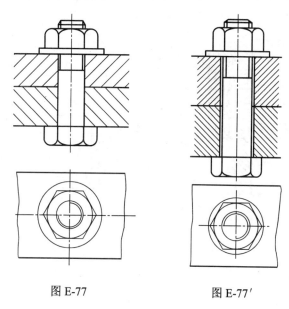

图 E-77   图 E-77′

Lb4E4078 有一组孔、轴配合尺寸，孔为 $\phi 50H7\binom{+0.025}{0}$ mm，

轴为 $\phi 50f7\binom{-0.025}{-0.050}$ mm，画出孔轴配合公差带图，并说明其配合性质。

答：如图 E-78′所示。配合性质为间隙配合。

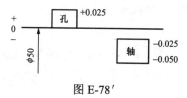

图 E-78′

Je4E5079 画出装配图 E-79 中件 4 的零件图，设其规格

为 M14，总长为 40，其余自定。

答：装配图中件 4 的零件图如图 E-79′所示。

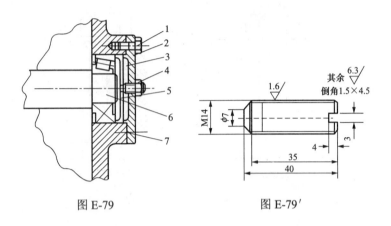

图 E-79   图 E-79′

Je3E2080 指出图 E-80 中指定装置的名称。

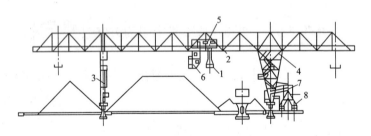

图 E-80　5t×40m 装卸桥

答：1—抓斗装置；2—桥架；3—挠性支腿；4—刚性支腿；5—小车机构；6—司机室；7—给煤机；8—受料带式输送机。

Je3E2081 画出一个正四棱台的二视图，并标注尺寸。
答：如图 E-81′所示。

Je3E3082 绘出 M24 六角标准螺母 A 的零件图（不标注尺寸）。

答：如图 E-82′所示。

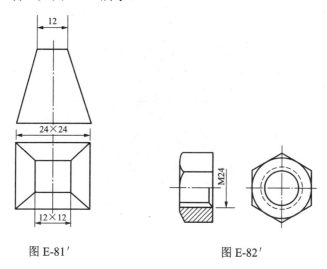

图 E-81′　　　　　　　　　图 E-82′

Je3E3083 请画出一标准圆柱齿轮的零件图（主视采用半剖，不标注尺寸）。

答：如图 E-83′所示。

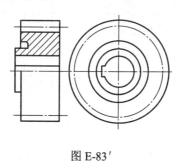

图 E-83′

Je3E5084 按主体图 E-84 尺寸画出零件图，并注上尺寸。

答：如图 E-84′所示。

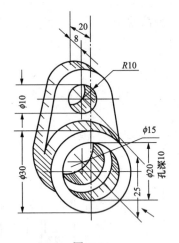

图 E-84

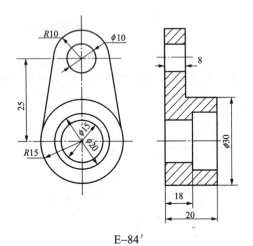

E–84′

Je3E3085　指出图 E-85 中指定各部件名称。

答：1—行星减速器；2—轴承座；3—液力联轴器；4—电动机；5—小车架；6—滚轮。

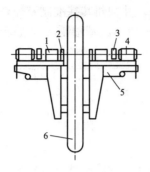

图 E-85 悬臂斗轮堆取料机斗轮旋转驱动示意图

Je3E4086 改正图 E-86 所示螺纹连接画法中存在的错误。

答: 如图 E-86′所示。

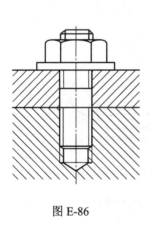 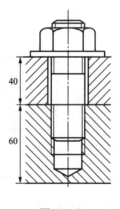

图 E-86   图 E-86′

Lb3E4087 有一组相配合的孔与轴，$\phi40\dfrac{M7\binom{0.025}{0}}{h7\binom{0}{-0.025}}$mm,

画出配合公差带图，并判断其基准制及配合性质。

答：如图 E-87′所示。基轴制，过渡配合。

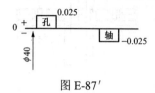

图 E-87′

Je3E4088 作等径 90°三通展开样板。

答：作法见图 E-88′（具体步骤从略）。

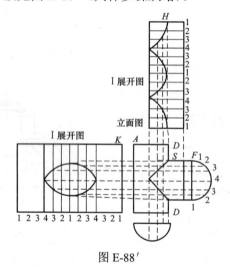

图 E-88′

Je3E4089 图 E-89′所示为一圆柱体，要求其轴线必须位于 ϕ0.04mm 的圆柱体公差带内，注上形位公差符号。

答：见图 E-89′。

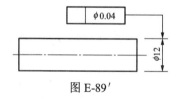

图 E-89′

Je3E5090 作 M24 螺栓、垫圈和螺母连接图。

答：如图 E-90′所示。

Je3E5091 指出图 E-91 所示制动器结构示意图中指定部件的名称。

答：1、10—外端盖；2—摩擦片；3—缓冲隔套；4—储能器外壳；5、9—密封；6—连接体；7、8—弹簧。

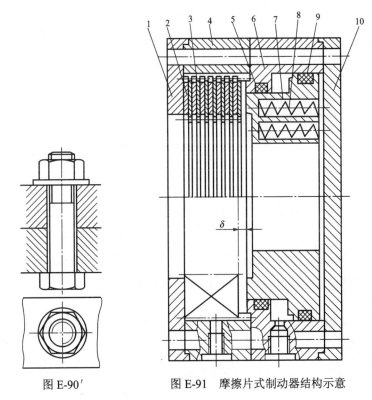

图 E-90′

图 E-91　摩擦片式制动器结构示意

Je2E2092 画出一个正三棱锥的二视图，并标注尺寸。

答：如图 E-92′所示。

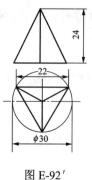

图 E-92′

Je2E3093 指出图 E-93 中指定装置的名称。

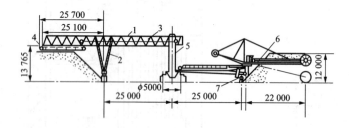

图 E-93 DQ-4022 型斗轮堆取料机

答：1—桥架；2—支腿；3—受料皮带机；4—移动皮带机；5—中心柱；6—斗轮取料机；7—圆形轨道。

Je2E3094 指出图 E-94 中指定部件的名称。

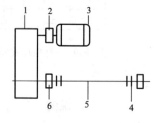

图 E-94 门式斗轮堆取料机斗轮小车通轴传动示意

答：1—立式减速器；2—制动轮联轴器；3—电动机；4—齿式联轴器；5—通轴；6—车轮。

Je2E4095 有一组配合的孔和轴，$\phi 3 \dfrac{H7\left(\begin{array}{c}+0.010\\0\end{array}\right)}{n6\left(\begin{array}{c}-0.018\\-0.020\end{array}\right)}$ mm 画

出配合公差带图，并判断其基准制及配合性质。

答：如图 E-95′所示。其配合为基孔制，间隙配合。

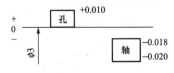

图 E-95′

Je2E5096 根据立体图 E-96 画出物体三视图，并标注尺寸。

答：如图 E-96′所示。

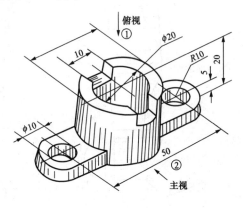

图 E-96

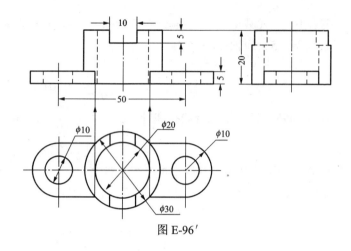

图 E-96′

Je1E3097 作 3 节 90° 弯头展开样板。

答：作法如图 E-97′所示（具体步骤从略）。

Je1E3098 作 M24 螺柱、弹簧垫圈和螺母连接。

答：如图 E-98′所示。

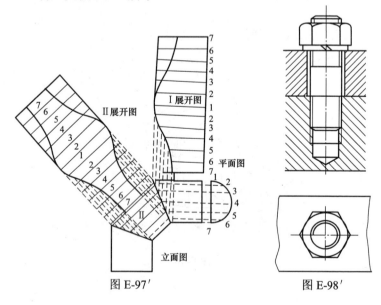

图 E-97′   图 E-98′

Je1E4099 画出装配图 E-99 中件 2（螺套）的零件图。

答：如图 E-99′所示。

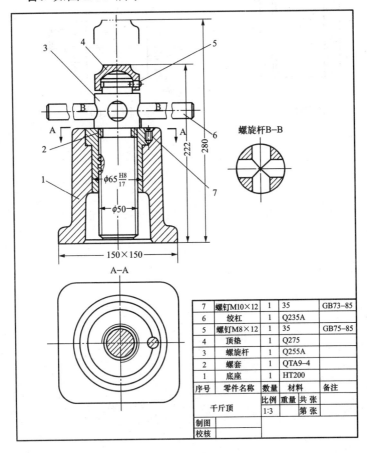

7	螺钉M10×12	1	35	GB73–85
6	绞杠	1	Q235A	
5	螺钉M8×12	1	35	GB75–85
4	顶垫	1	Q275	
3	螺旋杆	1	Q255A	
2	螺套	1	QTA9–4	
1	底座	1	HT200	
序号	零件名称	数量	材料	备注
	千斤顶	比例 1:3	重量	共 张 第 张
制图				
校核				

图 E-99

Je1E4100 有一圆轴，要求ϕC 对ϕA 与ϕB 的公共轴线同轴，公差为 0.012mm，标出形位公差符号。

答：如图 E-100′所示。

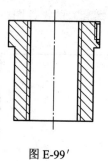

图 E-99′

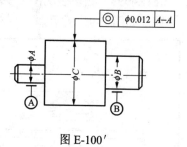

图 E-100′

4.1.6　论述题

La5F3001　为什么要求零件尺寸有互换性？

答：互换性是指同一规格产品，不经选择和修配即可互换的性质。因为互换性对简化产品设计，缩短生产周期，提高生产效率，降低生产成本，方便使用、维修等都有很重要的意义。因此要求零件尺寸有互换性。

La4F4002　渐开线齿轮的模数、压力角的意义是什么？

答：模数是一个轮齿的节圆直径上所对应的长度，单位是mm。模数越大，齿形尺寸就越大，轮齿承载能力也越大。我国模数已经标准化了。

压力角是渐开线齿形上任意一点的受力方向线和运动方向线之间的夹角，叫做该点的压力角。渐开线上各点的压力角不等，齿顶压力角较大，齿根压力角较小，基圆上的压力角为零。一般压力角指节圆上的压力角，压力角已标准化。压力角较大时，齿顶变尖，齿根粗，齿根强度较高；压力角小时，齿顶较宽，齿根较瘦，强度较低。

La3F4003　摩擦在机械设备运行中有哪些不良作用？

答：摩擦在机械设备运行中的不良作用，概括起来有以下几点：

（1）消耗大量的功。因为各摩擦副之间都存在着一个阻碍运动的摩擦力，所以要使设备正常运转，就需要一定的能量来克服摩擦副之间的摩擦力，用于克服摩擦副间的摩擦力的功是无用功，这个无用功约占消耗功的 1/3 以上。

（2）造成磨损。在摩擦副作相对运动时，除了液体摩擦外，其他各摩擦状态都存在不同程度的磨损，磨损的结果是改变机械零部件的几何尺寸，影响机械的精度，缩短机械设备的使用寿命。

（3）产生热量。用来克服摩擦力的那部分无用功就转换成热量而散发出来，其中一部分热量散发到大气中，而另一部分来不及散发的热量导致机械零部件温度升高，结果就降低了机械强度，引起机械的热变形，改变机械原有精度，影响机械的正常运转。

La2F4004　工件热处理时为什么会产生变形和开裂？

答：热处理时只要有相变发生，热应力和组织应力将同时产生。若两者的总应力超过钢的屈服强度，便会引起工件的变形。若超过钢的断裂强度，钢便会发生裂纹。热处理时若无相变发生，而只产生热应力，则当此应力超过钢的屈服强度时，工件也将产生变形。总之，工件的热处理变形和开裂，主要是热处理应力超过钢的屈服强度和断裂强度所致。

Lb5F2005　为什么减速器的顶盖上都有透气塞或通气帽？

答：当减速器工作时，温度升高，使箱内空气膨胀、压力增大，为了防止从箱体的中分面和轴的密封处漏油，必须使箱内热空气能从通气帽或透气塞排出箱外（反之，也可使箱外空气进入箱内），确保箱体内外气体压力趋于平衡。所以在减速器顶盖上都设计有透气塞或通气帽。

Lb4F3006　液压系统进入空气有哪些危害？

答：在密闭容器内，气体的体积和压力成反比，液压系统中进入空气后，随着负荷的变化，液压执行机构的运动受到影响，产生冲击和振动。另外，空气是造成液压油发热和变质的主要原因。为了防止回油管回油时，带入空气混入油液中，油箱应尽量加满，吸油管和回油管必须插入油面以下，并用排气阀放掉系统中的空气。

Lb4F3007　为什么斗轮堆取料机回转油泵在换向阀不工作时，油泵在空载下运行？

答：斗轮堆取料机回转油系统由液压马达、三位四通换向阀、溢流阀、油泵、电动机等组成。当电动机接上电源后，通过联轴器带动油泵同时旋转。在额定转速下运转的油泵，所排出的油通过三位四通换向阀，此时如换向阀不工作，即断电、主阀处于中间位置，油回到油箱，油泵在空载下运转。

Lb3F3008　在带传动中，为什么会出现传动带和带轮之间的打滑现象？说明打滑现象的利弊。

答：传动带工作时，所传递的圆周力越大，则传动带与带轮间所需要的摩擦力（ΣF）也越大，但是传动带与带轮之间所产生的最大摩擦力（ΣF_{max}）是一定的。如果所需传递的圆周力超过于ΣF_{max}，则在整个接触弧上，传动带与带轮之间产生相对滑动，这种现象称为打滑。

打滑现象有利有弊。打滑时，从动轮的转速急剧下降，甚至停止，从而使运动失稳不能正常工作；并且打滑时胶带急剧磨损，使胶带寿命下降，引起胶带打滑。但是，当过载时，打滑可以防止其他零部件因过载而损坏，从而起到一定的安全保护作用。打滑的弊大于利，应尽量避免打滑现象。

Lb3F3009　各种直轴法分别适用于什么轴？应力松弛法直轴比其他直轴法有什么优点？

答：捻打法和机械加压法只适用于直径不大，弯曲较小的轴。局部加热法和局部加热加压法直轴，均会残存余应力，容易引起裂纹。只有应力松弛法直轴，工作安全、可靠，对轴的寿命影响小，无残存应力，稳定性好，特别适用于合金钢制造的高压整锻转子大轴。

Lb2F3010　滑动轴承的润滑油膜是怎样形成的？影响油

膜的因素有哪些？

答：油膜的形成主要是由于油有一种黏附性。轴转动时将油黏在轴与轴承上，由间隙大到间隙小处于产生油膜，使油在间隙小处产生油压。由于车速的逐渐升高，油压也随之增大，并将轴向上托起。影响油膜的因素很多，如润滑油的油质、润滑油的黏度、轴瓦间隙、轴颈和轴瓦的光洁度、油的湿度、油膜单位面上承受的压力、机器的转速和振动等。

Lb2F3011 为什么溢流阀在斗轮传动液压系统中起限压保护作用？

答：因为当系统压力超过溢流阀调整压力时，溢流阀主阀便开启，使一部分压力油通过管路回流到油箱，从而使系统压力降低，起到保护作用。当系统压力低于溢流阀所调整压力时，溢流阀主阀关闭，使系统正常工作。所以说溢流阀在系统中起限压保护作用。

Lb1F2012 叙述卸船机减速机振动异音、壳体轴承发热的原因及处理方法。

答：原因：

（1）减速机高速轴和电机轴不同心，齿轮表面磨损不均。

（2）减速机底座螺栓松动，支架刚性差。

（3）润滑油脂不足，轴承损坏或齿轮磨损。

处理方法：

（1）调整减速机高速轴和电机轴同心度，修整平衡，整修齿轮轮齿。

（2）紧固减速机底座螺栓，加固支架。

（3）更换轴承，修整齿轮，补充或更换润滑油。

Lc5F2013 什么是保护接地？为什么说它具有安全保护作用？

答：把电器设备的外壳，通过接地线与接地极可靠地连接起来，叫做保护接地。电气设备采用保护接地后，当绝缘损坏、机壳带电时，人体接触机壳不会造成触电。因为人体的电阻比接地电阻大得多，电流主要经接地电阻入地，通过人体的电流很微小，不会造成触电事故。

Lc4F3014　为什么 36V 以下的电压为安全电压？

答：通过人体电流的大小取决于触电时的电压和人体电阻的大小。在一般情况下，人体电阻以 800Ω计，则通过 50mA 电流时，需加电压为 0.05×800=40V，因此规定 36V 及以下是安全电压。

Lc3F3015　常用的消防器材有哪些？各起什么作用？

答：（1）二氧化碳灭火器。对扑救电气、内燃机、小范围的油火、某些忌水物质等发生的火灾最为适宜。

（2）干粉灭火器。适用于扑救油类、可燃气体、电气设备和遇水燃烧等物品的初起火。

（3）1211 灭火器。灭火效能高、毒性低、绝缘性好、对金属无腐蚀、灭火后无痕迹，久贮不变质。

（4）泡沫灭火器。适用于扑救油类火灾。

（5）消防栓。是接于消防供水管道上的阀门装置，供给灭火用水。

（6）消防水龙带。是连接消防栓和消防水枪的帆布软管。

（7）消防水枪。是将消防水通过喷嘴射出的装置。

（8）破拆工具。灭火时用来拆除物体、打开通道、救人散物、防止火灾蔓延的工具，如消防斧、铁铣、火钩等。

Lc3F5016　论述燃煤发热量降低对输煤系统的影响。

答：煤的发热量是评价动力用煤最重要的指标之一。在锅炉负荷不变的情况下，当煤的发热量降低，则煤耗量增大，输煤系统的负担加重，入厂煤量增加。对卸车设备、煤场设备、输煤皮带、筛碎设备等都有可能因煤量增加而突破原设计能力。所以煤发热量下降幅度较大时，使输煤系统负担过重，导致设备的健康水平下降，故障增多，迫使锅炉甩负荷运行，甚至停炉。

Lc2F4017　电业生产为什么要贯彻"安全第一"的方针？

答：（1）电力生产的特点是高度的自动化和产、供、销同时完成。

（2）许多地区的发电厂、输电线路、变电站和供电用设备组成一个电网联合运转，这种生产要求电业有极高的可靠性。

（3）实现电业安全生产，不仅是电力工业自身需要，而且关系到各行各业和千家万户的切身利益和经济效益。

（4）一旦电力发生事故，对国民经济、国防建设和人民生活都有着直接的影响，会造成重大损失，甚至威胁生命安全等。

所以要求电业生产要贯彻"安全第一"的方针。

Lc1F3018　我国火电发电厂对煤质有何要求？

答：火电厂在选用燃煤时，对煤质有以下要求：

（1）提高燃料使用的经济效果。尽可能不燃用其他工业所需要的优质燃料，如炼焦用煤、交通运输所需的石油产品以及化工用的燃料。尽量燃用劣质燃料，以及综合利用后的燃料副产品，如洗煤、洗矸煤，以保证燃料资源得到充分合理利用。

（2）动力用煤一般要求发热量高一些，灰分尽量地小一些。对于液态排渣的锅炉，灰熔点越低越好；对于固态排渣炉，灰熔点一般要大于1250℃。

（3）煤中的含硫分越低越好。因为硫分煤不仅腐蚀管道，而且燃烧后生成的 SO_2 还会严重污染空气，造成"公害"，燃用高硫分的煤，必须增加脱硫设备。

（4）对于煤粉炉的发电厂，最好燃用沫煤，可以不用筛碎设备或减少筛碎设备的工作量。

Jd5F1019 为什么在零件加工前要划线？

答：（1）划线能指导加工。通过划线表示工作的加工余量、加工界线，检查线和找正线，使加工有明确标志。

（2）通过划线检查毛坯件各部分尺寸和形状是否符合要求。如毛坯件局部存在缺陷、误差较小时，可用划线借料的方法来补救，防止浪费工时。

可见划线后的线条是加工的主要依据，所以在零件加工前要严格认真地划线。

Jd5F2020 为什么攻丝底孔直径要比螺纹内径稍大些？为什么套丝圆柱直径要比螺纹外径稍小些？

答：攻丝时丝锥对金属有切削和挤压作用，使金属扩张。如果螺纹底孔与螺纹内径一致，将会产生金属咬住丝锥的现象，造成丝锥损坏与折断。因此螺纹底孔直径要比螺纹内径稍大些。

在套丝时，材料受到挤压而变形，使切削阻力增大，容易损坏板牙，影响螺纹质量。所以套丝圆杆直径应稍小于螺纹外径。

Jd5F2021 叙述常用密封圈的种类及作用。

答：（1）O型密封圈。主要用于静密封，安装在需要密封的两个表面间的沟槽内，也用于往复运动的动密封。

（2）Y型密封圈。多用于油缸活塞和缸筒之间的密封，也可用于相对运动速度较快的密封表面，安装时唇边要面对有压力的油腔。

（3）V型密封圈。多用于相对运动不高的油缸活塞杆等处，其密封环的数量由工作压力的大小而定，它的安装具有方向性。

（4）L型密封圈。用于油缸活塞与缸筒之间的密封。

（5）骨架密封圈。主要用于旋转轴的动密封。

Jd4F2022　叙述圆柱齿轮减速机的检修验收项目。

答：（1）油位计清洁明亮，标记清楚、正确、不漏油，润滑油无变质、油位在正常范围内。

（2）齿轮转动平稳，无冲击声和不均匀的声音响。

（3）试转不少于 30min，轴承温度在规定范围内。

（4）箱体无明显振动现象，当有冷却水管时，冷却水管应通畅，阀门开关方便灵活。

（5）减速机壳体应清洁，无油垢，其结合面及密封点不漏油。

（6）检修记录齐全、真实、准确。

（7）检修完工后，应清理现场。

Jd3F4023　为何要采用剖视图？在什么情况下用全剖视？在什么情况下用半剖视？

答：剖视图是在假想把零件按需要的位置剖切后，画出的视图。因为当零件的内部结构复杂时，视图上就会出现许多虚线，这些虚线往往会与轮廓线重合在一起，影响视图的清晰。为了弄清内部结构，使不可见部分转化为可见轮廓，所以就采用假想剖切法得到剖视图。

全剖视适用表达内形复杂的不对称机件或简单的对称机件。内外形状都复杂而需表示的对称机件，可以用半剖视图表达。

Jd3F4024　钢材在砂轮上打磨，为什么会产生火花？

答：钢材在砂轮上磨削时，由于切削产生的高热粉末高速飞射到空中，在空气中急剧氧化，产生高热，甚至达到钢的熔点，处于熔融状态。粉末中的碳与氧气化合成生一氧化碳气体，由于体积膨胀，产生很大的内压应力，当内压力超过熔融液体的表面张力时，便会爆裂产生火花。

Jd2F4025　为什么火花能鉴别钢材牌号？

答：钢材的牌号不同，火花的形态，色泽亦不同。钢中所含元素对火花的特性有很大影响。因此，通过火花鉴别，可以判断钢材的化学成分及钢号。

Jd2F4026　采用热应力松弛法直轴时，为何要在直轴前、后进行回火处理？

答：直轴前的回火处理是为消除大轴弯曲引起的应力和摩擦过热造成的表面硬化现象。直轴后的稳定回火处理是为消除直轴加热过程中产生的内应力，防止使用过程中再变形。

Je5F3027　转动机械为什么要找中心？

答：找中心也叫找正，是指对各零件间相互位置的找正、找平及相应的调整。一般机械找中心主要指调整主动机和从动机动轴的中心线位于一条直线上，从而保证运转平稳。为了实现这个目的，要靠测量及调整已经正确地分别安装在主、从动轴上的两个半联轴器的相对位置来达到。

Je5F4028　齿轮常出现哪些故障？其原因是什么？

答：齿轮常出现的故障有疲劳点蚀、磨损、胶合、塑性变形、断齿等。其故障原因分别为：

（1）疲劳点蚀是由于轮齿表面的接触应力达到一定极限，加上齿轮材质和热处理等原因，使其产生一些疲劳裂纹，裂纹扩展出现小块金属剥落，形成小"麻坑"。

（2）磨损的齿根或齿顶有很深的刮道，这是因为润滑油内有杂质造成的。

（3）胶合是由于重载高速，润滑不当或散热不良等原因，在齿面沿滑动方向形成的伤痕。

（4）塑性变形是较软的齿面由于过载、线摩擦系数过大，使齿面产生塑性变形。

（5）断齿是由于齿轮工作时，齿面应力超过极限应力而造成的。此外，冲击载荷也可能引起断齿。

Je4F3029　固定在轴上的齿轮组装后，为什么要检查径向与端面跳动量？

答：在轴上固定的齿轮，与轴的配合多采用过渡配合，有少量的也采用过盈配合。在压装时，往往发生齿轮偏心、歪斜和端面未紧贴轴肩等安装错误，保证不了啮合精度的要求，因此齿轮在轴上装好后，应检查径向与端面跳动量。

Je4F3030　液压油的黏度过大或过小对于运转系统有何影响？

答：当黏度过大时：

（1）内部摩擦增大而油压上升。

（2）流体阻力增大而压力损失增加。

（3）液压动作不灵活。

（4）因动力损失增加而机械效率下降。

当黏度过小时：

（1）内部泄漏和外部泄漏增大。

（2）泵的容积效率下降。

（3）各运动部位的磨损增加。

（4）在回路内难以得到必要的压力，因而得不到正确的动作。

因而在选择液压油时，黏度要适当。

Je4F4031　事故发生的直接原因和间接原因有哪些？

答：事故发生的直接原因是指人、物、环境这三个主要因素。

（1）人的原因。各种事故的发生，在很大程度上与人有关。由于人的错误行为，会造成设计、施工、操作与管理上的缺陷，进而触发隐患，导致事故的发生。

（2）物是指发生事故所涉及的物体，包括生产过程中的原料、燃料、产品、机器设备、工具附件以及其他非生产性的物体。物体存在不安全状态，有随时发生事故的可能，这就是我们常说的事故隐患，事故隐患一旦被人触动，就会发生实际事故。

（3）环境原因。任何事故的发生，都有一定的特定外界条件，即环境。环境因素影响着人的情绪，与事故有着直接的关系。

事故发生的间接原因主要是指管理原因和事故发展的过程。

Le4F4032　减速器漏油的原因是什么？如何处理？

答：原因是：

（1）结合面加工粗糙，达不到加工精度的要求。

（2）减速器壳体经过一定时间运行后，发生变形，因而结合面不严密。

（3）箱体内油量过多。

（4）减速器轴承盖漏油主要是因为轴承盖与轴承孔之间的间隙过大或因垫破损造成的。端盖的轴颈处漏油的主要原因是因为轴承盖内的回油沟堵塞或毡圈、油封等磨损，使轴颈与端盖之间有一定间隙，油会顺着这个间隙流出。

（5）观察孔结合面不平，观察孔上盖变形或螺栓松动，原来在结合面上加的垫经几次拆装后，损坏或密封不严，漏油。

处理办法：

（1）刮研减速器壳体结合面。

（2）在减速器壳体轴承孔的最低部位开回油孔。

（3）采用密封胶和密封圈，结合面漏油一般采用密封胶来解决，动密封处漏油采用橡胶密封圈效果较好。

Le4F4033　推煤机冒黑烟的原因是什么？如何消除？

答： 原因是：

（1）柴油质量差。

（2）喷油雾化不良。

（3）空滤器堵塞。

（4）供油提前角过小。

处理方法：

（1）换合格柴油。

（2）检修更换喷油嘴。

（3）清洗空滤器。

（4）调整提前角。

Je3F2034　与系统并列的水泵为什么安装逆止门？

答： 如果水泵出口不装逆止门，则当突然停止并列运行的一台泵时，其他运行的水泵会把液体打到已停止的水泵内，并经过进口管排出，使这台泵倒转，使运行泵的流量和所耗功率增加，电动机过负荷，并导致系统母管压力下降，影响系统的安全运行。

Je3F3035　造成底开车风缸勾贝杆已缩回，但底门仍未"落锁"的原因是什么？如何进行调整？

答： 出现这种现象的原因是齿轮齿条起始位置不当，所以应当对其进行调整复位。

调整方法：用手动方法使底门落锁，而后将风缸活塞推到底部，再将齿轮齿条对好位置即可，若对好位后离合器由"手动位"推向"风动位"时对不上，则必须调整齿轮的位置（旋转齿轮达到合适角度即可）。此外，利用齿条上的螺纹装置还可进行微量调整。

Je2F3036　翻车机减速器中的齿轮为什么选用圆弧齿轮？

答：因为圆弧齿轮有许多优点，如承载能力高、运行中轮齿接触良好、传动平稳、噪声小，传动效率高、重量轻，适合翻车机的实际需要，因此翻车机减速器中的齿轮选用圆弧齿轮。

Je2F3037 执行安全措施的要求是什么？

答：（1）热力设备检修需要断开电源时，应在已拉开的开关、刀闸和检修设备控制开关的操作把手上悬挂"禁止合闸，有人工作！"的警告牌，并取下操作保险。

（2）热力设备检修需要电气运行值班人员做断开电源安全措施时，如热机检修工作负责人不具备配电室检查安全措施的条件，必须使用停电联系单取代此项检查。

（3）热力设备、系统检修需加堵板时，应统一按以下要求执行：

1）氢气、瓦斯及油系统等易燃、易爆部位，可能引起工作人员中毒的系统检修时，必须在关严有关截止门后，立即在法兰上加装堵板，并保证严密不漏。

2）汽、水、烟、风系统，公用排污、疏水系统检修时，必须在应关闭的截止门、闸板悬挂警告牌或采取经车间批准的其他安全措施。

3）在1）、2）中，凡属电动截止门的，应将电动截止门的电源断开，热机控制设备执行元件的操作能源也应可靠地切断。

Je2F4038 推煤机柴油机内为什么会有强烈的敲击声？怎样检查消除？

答：（1）气门脱落。应立即停机熄火，拆下缸盖罩壳，检查脱落的原因。通常还要拆下缸盖，检查缸套，活塞、缸盖平面，气门及气门座圈，更换损坏零件。

（2）连杆瓦烧瓦。立即停机熄火，拆下烧坏的瓦，同时打磨轴颈，清除轴颈上黏附的轴瓦合金，更换新瓦，必要时需重磨轴颈。

Je1F3039　产生斗轮堆取料机啃道的原因是什么？

答：（1）由于车轮的加工或安装偏差所引起的啃道。如车轮的平行度不良，车轮的垂直度不良，车轮的跨距、对角线不等和两轮的直线性不好，车轮直径不等。

（2）由于轨道安装不准造成的啃道。轨道的相对标高和直线性允差超标，轨道跨度不准，坡度大，轨道接头不平直和轨面有油、水，都会发生啃道。

（3）由于传动系统偏差引起的啃道。齿轮间隙不等、键松动会造成啃道；两套驱动装置的制动器调整的松紧程度不同，也能引起车体走斜而啃道；电动机转速差同样也会引起啃道，金属结构的变形，使车轮产生对角线偏差、跨距偏差、直线性偏差等，都可能引起啃道。

Je1F4040　推煤机柴油机功率不足的原因是什么？怎样提高功率？

答：原因是：

（1）燃油系统阻塞。

（2）喷油嘴雾化不良。

（3）空气滤清器阻塞。

（4）供油提前角变动。

（5）缸垫被冲霈，漏汽。

（6）活塞、缸套过度磨损。

处理方法：

（1）清洗、疏通各管路及滤油器。

（2）更换或调整喷油嘴。

（3）清洗空气滤清器或滤心。

（4）重调提前角。

（5）更换新缸垫。

（6）更换活塞、缸套。

技能操作试题

4.2.1 单项操作

行业：电力工程　　工种：卸储煤设备检修　　等级：初

编　号	C05A001	行为领域	d	鉴定范围	3
考核时限	30min	题　型	A	题　分	20
试题正文	手锤和錾子的握法				
需要说明的问题和要求	1. 要求独立进行操作 2. 现场就地操作演示 3. 要注意安全，文明操作				
工具、材料、设备、场地	1. 在检修间内实际操作 2. 台虎钳、手锤、錾子等				

	序号	项目名称	质量要求	满分	扣分
评 分 标 准	1	准备工作	要充分	5	准备不充分，扣1～3分
	1.1	工具材料准备			
	1.2	合适的检修间			
	2	操作	按钳工工艺要求操作正确		
	2.1	手锤握法	掌握两种方法，准确无误	5	不准确，扣1～5分
	2.2	錾子的握法	掌握三种方法，准确无误	5	不准确，扣1～5分
	2.3	各种方法之间的区别	熟练掌握并能应用	5	不够熟练扣1～3分

行业：电力工程　　　　工种：卸储煤设备检修　　　　等级：初

编　　号	C05A002	行为领域		d	鉴定范围	3
考核时限	30min	题　　型		A	题　　分	20
试题正文	挥锤方法和錾削姿势需要说明					
需要说明的问题和要求	1. 要求独立进行操作 2. 现场就地操作演示 3. 要注意安全，文明操作					
工具、材料、设备、场地	1. 在检修间内实际操作 2. 台虎钳、手锤、錾子等					

	序号	项目名称	质量要求	满分	扣　分
评 分 标 准	1	准备工作	要充分	5	准备不充分，扣1～3分
	1.1	工具材料准备			
	1.2	合适的检修间			
	2	操作			
	2.1	握锤方法	按钳工工艺要求操作正确，掌握三种方法，准确无误	5	不准确,扣1～5分
	2.2	錾削姿势和站立位置	准确无误	5	不准确,扣1～5分
	2.3	各种方法之间的区别	熟练掌握并能应用	5	不够熟练，扣1～3分

192

编　　号	C05A003	行为领域	d	鉴定范围	3
考核时限	60min	题　　型	A	题　　分	20
试题正文	锉刀的握法、锉削姿势及锉削力的运用				
需要说明的问题和要求	1. 要求独立进行操作 2. 现场就地操作演示 3. 要注意安全，文明操作				
工具、材料、设备、场地	1. 在检修间内实际操作 2. 台虎钳、锉刀、夹具、材料等				

	序号	项 目 名 称	质 量 要 求	满分	扣　分
评 分 标 准	1	准备工作	要充分	5	准备不充分，扣1～3分
	1.1	工具材料准备			
	1.2	合适的检修间			
	2	操作			
	2.1	锉刀握法 1. 较大锉刀的握法 2. 中型锉刀的握法 3. 较小型锉刀的握法	按钳工工艺要求操作正确	5	不够准确，扣1～5分
	2.2	锉削姿势 1. 站立位置 2. 姿势，往复过程	正确	5	不够准确，扣1～5分
	2.3	锉削力的运用，全过程力的变化及注意事项	掌握	5	没完全掌握，扣1～5分

行业：电力工程　　　　工种：卸储煤设备检修　　　　等级：初

编　　号	C05A004	行为领域		d	鉴定范围	3
考核时限	30min	题　　型		A	题　　分	30
试题正文	棒料的锯割					
需要说明的问题和要求	1. 要求独立进行操作 2. 现场就地操作演示 3. 要注意安全，文明操作					
工具、材料、设备、场地	1. 在检修间内完成 2. 台虎钳、铁锯、锯条、夹具、棒料等					

	序号	项 目 名 称	质 量 要 求	满分	扣　分
评分标准	1	准备工作	充分	5	不够充分扣1～3分
	1.1	工具、材料准备			
	1.2	合适的检修间			
	2	操作			
	2.1	检查工具、材料等	按钳工工艺要求操作认真、正确	5	不够认真，扣1～3分
	2.2	锯条选择安装	合理、正确	5	不尽合理，扣1～3分
	2.3	安装夹持材料	合理、正确	5	不尽合理，扣1～3分
	2.4	锯割	方法正确	5	过程有误，扣1～3分
	2.5	质量检查	符合标准	5	不完全符合标准，扣1～3

行业：电力工程　　　工种：卸储煤设备检修　　　等级：初

编　　号	C04A005	行为领域	d	鉴定范围	3
考核时限	120min	题　型	A	题　　分	30
试题正文	平面刮削				
需要说明的问题和要求	1. 要求独立进行操作 2. 现场就地操作演示 3. 要注意安全，文明操作				
工具、材料、设备、场地	1. 刮刀、显示剂、标准平台、标准直尺 2. 200mm×200mm×30mm 铸铁板一块，表面经磨削处理 3. 检修间				

	序号	项目名称	质量要求	满分	扣　分
评分标准	1	准备工作	充分	5	不够充分，扣1～3分
	1.1	刮削工具、材料			
	1.2	合适的检修间			
	2	操作			
	2.1	挺刮法或手刮法	按钳工工艺要求操作正确，熟练掌握，运用自如	10	掌握一般，扣1～5分
	2.2	刮削过程 粗刮 细刮 精刮	过程准确、无误	10	出现一定错误，扣1～5分
	2.3	质量检查	符合图纸质量要求	5	有缺陷，扣1～3分

行业：电力工程　　　工种：卸储煤设备检修　　　等级：初

编　　号	C04A006	行为领域		d	鉴定范围	4
考核时限	30min	题　　型		A	题　　分	30
试题正文	冲样的修磨和使用					
需要说明的问题和要求	1. 要求独立进行操作 2. 现场就地操作演示 3. 要注意安全，文明操作					
工具、材料、设备、场地	1. 在检修间内实际操作 2. 样冲毛坯料、砂轮机等					

	序号	项目名称	质量要求	满分	扣分
评分标准	1	准备工作	充分	5	不够充分，扣1～3分
	1.1	工具材料准备			
	1.2	合适的检修间			
	2	操作			
	2.1	冲样修磨	按钳工工艺要求操作正确，符合图纸工艺要求	10	不够精确，扣1～10分
	2.2	冲样的使用	方法正确	10	方法不够正确，扣1～10分
	2.3	质量检查	全过程符合质量标准要求	5	如有不符合标准地方，扣1～3分

196

行业：电力工程　　　　工种：卸储煤设备检修　　　　等级：中

编　　号	C04A007	行为领域	d	鉴定范围	3
考核时限	30min	题　型	A	题　分	30
试题正文	薄板的锯割				
需要说明的问题和要求	1. 要求独立进行操作 2. 现场就地操作演示 3. 要注意安全，文明操作				
工具、材料、设备、场地	锯弓、锯条、台虎钳、薄板、夹具等				

	序号	项 目 名 称	质 量 要 求	满分	扣　分
评分标准	1	准备工作	充分	5	不够充分，扣1～3分
	1.1	准备锯弓、锯条、台虎钳、薄板、夹具等			
	1.2	合适的检修间			
	2	操作	按钳工工艺要求操作正确		
	2.1	检查工具和材料，并选择合适规格的锯条	认真检查，选用锯条合适	10	不够认真，扣1～10分
	2.2	锯割	夹持工具，锯割方法应符合要求	10	方法有缺陷，扣1～10分
	2.3	质量检查	结果符合标准要求	5	有缺陷，扣1～3分

197

行业：电力工程　　　工种：卸储煤设备检修　　　等级：中

编　号	C04A008	行为领域	d	鉴定范围	3
考核时限	30min	题　型	A	题　分	30
试题正文	管子的锯割				
需要说明的问题和要求	1. 要求独立进行操作 2. 现场就地操作演示 3. 要注意安全，文明操作				
工具、材料、设备、场地	1. 在检修间内完成 2. 台虎钳、钢锯、锯条、夹具、管料等				

	序号	项目名称	质量要求	满分	扣　分
评分标准	1	准备工作	充分	5	不充分,扣1～3分
	1.1	工具准备材料			
	1.2	合适的检修间			
	2	操作			
	2.1	检查工具、材料等	按钳工工艺要求操作正确、认真	5	不够认真，扣1～3分
	2.2	锯条选择安装	合理正确	5	不尽合理，扣1～3分
	2.3	安装夹紧材料	合理正确	5	不尽合理，扣1～3分
	2.4	锯割	方法正确	5	过程有误，扣1～3分
	2.5	质量检查	符合标准	5	不完全符合标准，扣1～3分

行业：电力工程　　　工种：卸储煤设备检修　　　等级：中

编　号	C04A009	行为领域		d	鉴定范围	3
考核时限	30min	题　型		A	题　分	20
试题正文	锉削后平面度检查					
需要说明的问题和要求	1. 要求独立进行操作 2. 现场就地操作演示 3. 要注意安全，文明操作 4. 要求会两种方法					
工具、材料、设备、场地	1. 在检修间内完成 2. 刀口直尺、钢板尺、检验平板、铅丹等					
评分标准	序号	项目名称	质量要求	满分	扣　分	
	1	准备工作	充分	5	不够充分，扣1～3分	
	1.1	工具材料准备				
	1.2	合适的检修间				
	2	操作				
	2.1	透光法	按钳工工艺要求操作正确，结果准确	5	方法有误，结果不够准确，扣1～5分	
	2.2	研磨法	方法正确，结果准确	10	方法有误，结果不够准确，扣2～10分	

行业：电力工程　　　工种：卸储煤设备检修　　　等级：中

编　号	C04A010	行为领域	d	鉴定范围	1
考核时限	30min	题　型	A	题　分	30
试题正文	平键的装配				
需要说明的问题和要求	1. 要求独立进行操作 2. 现场就地操作演示 3. 要注意安全，文明操作				
工具、材料、设备、场地	1. 在检修间内实际操作 2. 量具、键条、带键槽、轴或轮、锉刀、手锤、台虎钳等				

	序号	项目名称	质量要求	满分	扣　分
评分标准	1	准备工作	充分	5	不够充分，扣1～3分
	1.1	工具材料准备			
	1.2	合适的检修间或现场条件			
	2	操作			
	2.1	测量键及键槽尺寸，确定配合尺寸	测量、确定尺寸准确	10	不够准确，扣1～5分
	2.2	划线时，达到配合要求尺寸	达到图纸要求	10	没完全达到精度要求，扣1～5分
	2.3	质量检查	符合图纸要求	5	没完全符合图纸要求，扣1～3分

行业：电力工程　　　工种：卸储煤设备检修　　　等级：中

编　号	C04A011	行为领域	d	鉴定范围	3
考核时限	30min	题　型	A	题　分	20
试题正文	钻模板的划线				
需要说明的问题和要求	1. 要求独立进行操作 2. 现场就地操作演示 3. 要注意安全，文明操作				
工具、材料、设备、场地	1. 在检修间内实际操作 2. 划线工具、模板材料、钻床等				

	序号	项目名称	质量要求	满分	扣　分
评 分 标 准	1	准备工作	准备充分	5	不充分，扣1～3分
	1.1	工具材料准备			
	1.2	合适的检修间			
	2	操作			
	2.1	划线	按钳工工艺要求操作正确，步骤、方法、准确	5	不够准确，扣1～5分
	2.2	钻孔	方法正确、精度准确	5	不够准确，扣1～5分
	2.3	质量检查	符合质量或图纸要求	5	不够准确，扣1～3分

行业：电力工程　　　　工种：卸储煤设备检修　　　　等级：中

编　　号	C04A012	行为领域		d		鉴定范围	3
考核时限	30min	题　　型		A		题　分	20
试题正文	麻花钻头的刃磨						
需要说明的问题和要求	1. 要求独立进行操作 2. 现场就地操作演示 3. 要注意安全，文明操作						
工具、材料、设备、场地	1. 麻花钻头 1 支 2. 台式砂轮机 3. 护目镜等						
评分标准	序号	项目名称	质量要求	满分	扣　分		
	1	准备工作	充分	5	不够充分，扣1～3分		
	1.1	砂轮机、钻头、护目镜等					
	1.2	合适的检修间					
	2	操作					
	2.1	检查砂轮机、钻头、确定刀磨部位及修磨量	按钳工工艺要求操作正确，认真准确	5	不够准确，扣1～5分		
	2.2	刃磨 磨主切削刃 磨横刃	方法正确，磨削准确	5	不够准确，精度不高，扣1～5分		
	2.3	质量检查	符合规定要求	5	不太符合，有缺陷，扣1～3分		

行业：电力工程　　　工种：卸储煤设备检修　　　等级：中

编　号	C04A013	行为领域	d	鉴定范围	3
考核时限	30min	题　型	A	题　分	30
试题正文	半成品划线				
需要说明的问题和要求	1. 要求独立进行操作 2. 现场就地操作演示 3. 要注意安全，文明操作				
工具、材料、设备、场地	1. 在检修间内实际操作 2. 划线工具、半成品材料、图纸技术要求等				

	序号	项目名称	质量要求	满分	扣　分
评分标准	1	准备工作	充分	5	不够充分，扣1～3分
	1.1	工具材料准备			
	1.2	合适的检修间			
	2	操作			
	2.1	划线基准选择	按钳工工艺要求操作正确	10	不够准确，扣1～5分
	2.2	划线方法、步骤	正确	10	不够准确，扣1～5分
	2.3	质量检查	符合质量要求，符合图纸要求	5	不够准确，扣1～3分

行业：电力工程　　　　工种：卸储煤设备检修　　　　等级：中

编　号	C04A014	行为领域	d	鉴定范围	3
考核时限	30min	题　型	A	题　分	30
试题正文	錾子的刃磨				
需要说明的问题和要求	1. 要求独立进行操作 2. 现场就地操作演示 3. 要注意安全，文明操作				
工具、材料、设备、场地	1. 在检修间内实际操作 2. 台式砂轮机、錾子毛坯等				

	序号	项 目 名 称	质 量 要 求	满分	扣　分
评分标准	1	准备工作	要充分	5	准备不充分，扣1～3分
	1.1	工具材料准备			
	1.2	合适的检修间			
	2	操作			
	2.1	刃磨方法	按钳工工艺要求，操作正确	10	不够准确，扣1～5分
	2.2	工艺要求	准确	10	不够准确，扣1～5分
	2.3	质量检查	符合质量标准	5	不够标准，扣1～3分

行业：电力工程　　　工种：卸储煤设备检修　　　等级：中

编　　号	C04A015	行为领域		e	鉴定范围	1
考核时限	120min	题　　型		A	题　　分	30
试题正文	联轴器找正					
需要说明 的问题和 要求	1. 要求独立进行操作 2. 现场就地操作演示 3. 要注意安全，文明操作					
工具、材料、 设备、场地	1. 在现场或检修间内操作 2. 选择一套合适的传动机构，包括联轴器、平尺、千分表、塞尺、角 尺等工具					

	序号	项目名称	质量要求	满分	扣　分
评 分 标 准	1	准备工作 材料工具准备			
	2	操作			
	2.1	测量原始状态	认真、准确	6	不够准确，扣 1～3分
	2.2	计算误差	准确	6	计算有误，扣 1～3分
	2.3	先调整端面	准确	6	不够准确，扣 1～3分
	2.4	后调整中心	准确	6	不够准确，扣 1～3分
	2.5	质量检查	符合技术要求	6	有缺陷，扣1～ 3分

205

行业：电力工程　　　　工种：卸储煤设备检修　　　　等级：高

编　　号	C03A016	行为领域	d	鉴定范围	3
考核时限	30min	题　　型	A	题　分	30
试题正文	毛坯划线				
需要说明的问题和要求	1. 要求独立进行操作 2. 现场就地操作演示 3. 要注意安全，文明操作				
工具、材料、设备、场地	1. 在检修间内实际操作 2. 划线工具、毛坯料等				

	序号	项 目 名 称	质 量 要 求	满分	扣　　分
评 分 标 准	1	准备工作	充分	5	不够充分，扣1～3分
	1.1	材料工具准备			
	1.2	合适的检修间			
	2	操作			
	2.1	划线基准的选择	按钳工工艺要求操作正确	10	不够准确，扣1～5分
	2.2	划线方法、步骤	正确	10	不够准确，扣1～5分
	2.3	质量检查	符合图纸要求	5	不太符合图纸要求，扣1～3分

206

编　　号	C03A017	行为领域	d	鉴定范围	2
考核时限	30min	题　型	A	题　分	30
试题正文	铰孔				
需要说明的问题和要求	1. 要求独立进行操作 2. 现场就地操作演示 3. 要注意安全，文明操作				
工具、材料、设备、场地	1. 钻头、柱形铰刀、δ=40 铁板 2. 在检修间内操作完成				

	序号	项 目 名 称	质 量 要 求	满分	扣　　分
评 分 标 准	1	准备工作	充分	5	不够充分，扣1～3分
	1.1	铰孔工具及材料			
	1.2	合适的检修间			
	2	操作			
	2.1	检查钻头、铰刀等工具	符合要求	10	不准确，扣1～5分
	2.2	钻孔后铰孔	符合工艺要求	10	没达到要求，扣1～5分
	2.3	质量检查	符合图纸要求	5	有不符要求处，扣1～3分

4.2.2 多项操作

行业：电力工程　　　工种：卸储煤设备检修　　　等级：初

编　号	C05B018	行为领域	e	鉴定范围	4
考核时限	120min	题　型	B	题　分	30
试题正文	皮带无载时不跑偏，有载时的跑偏处理				
需要说明的问题和要求	1. 要求在别人监护下，独立完成 2. 现场就地操作演示 3. 要注意安全，文明操作				
工具、材料、设备、场地	现场实际设备操作				

	序号	项目名称	质量要求	满分	扣　分
评分标准	1	原因分析			
	1.1	皮带过松			
	1.2	落煤点不正			
	1.3	导料槽偏斜			
	2	处理			
	2.1	调整拉紧装置	张力适度	6	张力不适度，扣1～3分
	2.2	调整落料点处可调挡板	调整到最佳位置	6	没调到最佳位置，扣1～3分
	2.3	调整导料槽位置	找正	6	调整不到位，扣1～3分
	2.4	判断分析	准确	6	不够准确，扣1～3分
	2.5	质量检查	符合质量标准	6	有缺陷，扣1～3分

行业：电力工程　　　　工种：卸储煤设备检修　　　　等级：初

编　　号	C05B019	行为领域	f	鉴定范围	2
考核时限	10min	题　　型	B	题　　分	20
试题正文	心肺复苏救护法				
需要说明的问题和要求	1. 要求独立完成操作 2. 现场就地操作演示 3. 要文明操作				
工具、材料、设备、场地	人体模型				
评分标准	序号	项目名称	质量要求	满分	扣　　分
	1	现象			
		伤员呼吸和心跳均停止			
	2	处理			
	2.1	畅通气道		2	未按规定执行，扣2分
	2.2	口对口人工呼吸		6	未按规定执行，扣2～4分
	2.3	胸外按压		12	未按规定执行，扣2～10分

编　　号	C04B020	行为领域		e	鉴定范围	3
考核时限	120min	题　　型		B	题　　分	30
试题正文	翻车机蓄能器油管爆破					
需要说明的问题和要求	1. 要求独立完成操作 2. 现场就地操作演示 3. 注意安全，文明操作					
工具、材料、设备、场地	现场实际操作					

评分标准	序号	项目名称	质量要求	满分	扣分
	1	现象			
	1.1	蓄能器油压指示超标	判断正确	5	不正确，扣5分
	1.2	低压溢流阀失灵	判断正确	5	不正确，扣5分
	2	处理			
	2.1	调整蓄能器油压	油压不超过5MPa	10	调整有偏差，扣1～5分
	2.2	更换低压溢流阀	更换后灵活，不漏油	10	有缺陷，扣1～5分

编　号	C04B021	行为领域	e	鉴定范围	3
考核时限	120min	题　型	B	题　分	30
试题正文	螺旋卸煤机制动器打不开				
需要说明的问题和要求	1. 要求独立完成操作 2. 现场就地操作演示 3. 注意安全，文明操作				
工具、材料、设备、场地	现场实际设备				

	序号	项目名称	质量要求	满分	扣　分
评分标准	1	现象			
	1.1	升降迟缓			
	1.2	停车及行车迟缓			
	1.3	电动机发热			
	1.4	制动轮工作温度超过 200℃			
	2	处理			
	2.1	调整制动轮和制动带间隙	达到标准间隙 0.8～1mm	6	间隙不均，扣 1～3 分
	2.2	清理制动轮和制动带上的污垢（用煤油清洗）	清洗干净	6	清洗不净，扣 3 分
	2.3	加强润滑活动，使制动关节灵活	制动关节灵活	6	有一定卡涩现象，扣 1～3 分
	2.4	调整弹簧张力	张力合适	6	不适，扣 1～3 分
	2.5	质量检查	制动灵活可靠	6	如不太可靠，扣 2～5 分

行业：电力工程　　　　工种：卸储煤设备检修　　　　等级：中

编　号	C04B022	行为领域		e	鉴定范围	3
考核时限	60min	题　型		B	题　分	20
试题正文	装卸桥夹轨器夹不住					
需要说明的问题和要求	1. 要求独立完成操作 2. 现场就地操作演示 3. 注意安全，文明操作					
工具、材料、设备、场地	现场实际设备					
评分标准	序号	项目名称	质量要求	满分	扣　分	
	1	原因分析				
	1.1	铰链处有卡住现象				
	1.2	闸瓦磨损				
	2	处理				
	2.1	准备工作	充分	4	不够充分，扣1～2分	
	2.2	向铰链处加注润滑油	到位	4	不到位，扣1～2分	
	2.3	更换新闸瓦	符合安装工艺要求	8	没达到工艺要求，扣2～6分	
	2.4	质量检查	符合质量标准	4	有缺陷，扣1～3分	

行业：电力工程　　　工种：卸储煤设备检修　　　等级：中

编　　号	C04B023	行为领域		e	鉴定范围	3
考核时限	120min	题　　型		B	题　　分	20
试题正文	推煤机主离合器油泵声音异常					
需要说明的问题和要求	1. 要求独立完成操作 2. 现场就地操作演示 3. 注意安全，文明操作					
工具、材料、设备、场地	现场实际设备					
评分标准	序号	项目名称	质量要求	满分	扣分	
	1	现象				
		声音异常				
	2	处理				
	2.1	检查油泵并解体，如内部磨损换新泵	认真检查保证安装质量	10	如检查不到位、安装精度差，扣2~6分	
	2.2	清理吸油口滤网	清理干净	10	如不干净，扣2~6分	

编　　号	C04B024	行为领域	e	鉴定范围	3
考核时限	120min	题　　型	B	题　　分	30
试题正文	立式泥浆泵振动大				
需要说明的问题和要求	1. 要求独立完成操作 2. 现场就地操作演示 3. 注意安全，文明操作				
工具、材料、设备、场地	现场实际操作或在检修间完成				

	序号	项目名称	质量要求	满分	扣　分
评分标准	1	原因分析			
	1.1	叶轮不平衡			
	1.2	叶轮破损			
	1.3	轴承损坏			
	1.4	紧固螺丝松动			
	1.5	进浆量过小			
	1.6	叶轮被异物卡住			
	2	处理			
	2.1	找平衡或更换叶轮	准确	8	不够准确，扣1～4分
	2.2	更换轴承	准确	8	方法有误，扣1～4分
	2.3	紧固螺丝	可靠	8	不可靠，扣1～4分
	2.4	保证积水到量后开泵	到位	3	没按要求作，扣1～2分
	2.5	清理杂物	清理干净	3	没清理干净，扣1～2分

编　号	C04B025	行为领域	e	鉴定范围	3
考核时限	120min	题　型	B	题　分	25
试题正文	推煤机底盘主离合器打滑				
需要说明的问题和要求	1. 要求独立完成操作 2. 现场就地操作演示 3. 注意安全，文明操作				
工具、材料、设备、场地	现场实际设备				

	序号	项目名称	质量要求	满分	扣　分
	1	原因分析			
	1.1	摩擦片磨损			
	1.2	调整环松动			
	2	处理			
评 分 标 准	2.1	处理工作准备	准备充分	5	准备不够充分，扣1～5分
	2.2	检查判断	判断准确	5	检查判断不够准确，扣1～3分
	2.3	调小间隙或更换摩擦片	达到标准要求	5	没达标，扣1～3分
	2.4	重新调调整环并固定	达到标准要求	5	没达标，扣1～3分
	2.5	质量检查	无缺陷、符合质量要求	5	没完全达到要求，扣1～3分

行业：电力工程　　　工种：卸储煤设备检修　　　等级：中

编　号	C04B026	行为领域		e	鉴定范围	3
考核时限	60min	题　型		B	题　分	20
试题正文	转向离合器运转声音不正常					
需要说明的问题和要求	1. 要求独立完成操作 2. 现场就地操作演示 3. 注意安全，文明操作					
工具、材料、设备、场地	现场实际设备					

	序号	项目名称	质量要求	满分	扣　分
评分标准	1	处理前准备	充分	5	不够充分，扣1～3分
	2	更换摩擦片	达标	10	没达标，扣2～6分
	3	质量检查	达标	5	没完全达标，扣1～3分

行业：电力工程　　　工种：卸储煤设备检修　　　等级：中

编　　号	C04B027	行为领域	e	鉴定范围	3
考核时限	240min	题　　型	B	题　　分	30
试题正文	齿轮泵不排油或排油量少				
需要说明的问题和要求	1. 要求独立进行操作 2. 现场就地操作演示 3. 如遇其他设备故障，立即停止考核，退出现场 4. 要注意安全，文明操作				
工具、材料、设备、场地	现场实际设备				

	序号	项目名称	质量要求	满分	扣　分
评分标准	1	现象			
	1.1	齿轮泵不排油			
	1.2	齿轮泵排油量少			
	2	处理			
	2.1	处理前准备工作	达到可操作程度	5	准备不充分，扣1~3分
	2.2	故障处理	符合检修工艺要求	20	不符合要求，扣1~5分
	2.3	质量检查	达到检修质量标准	5	没达到检修质量标准，扣1~3分

217

行业：电力工程　　　　工种：卸储煤设备检修　　　　等级：中

编　号	C04B028	行为领域	e	鉴定范围	3
考核时限	240min	题　型	B	题　分	20
试题正文	推煤机发出"霍霍"声				
需要说明的问题和要求	1. 要求在他人配合下完成 2. 现场就地操作 3. 注意安全，文明操作				
工具、材料、设备、场地	现场实际设备，检修间内操作				

	序号	项目名称	质量要求	满分	扣　分
评 分 标 准	1	现象			
	1.1	发出"霍霍"声，噪声大			
	1.2	机体振动增强			
	2	处理			
	2.1	检查主轴承间隙	按标准检测	10	出差错，扣1～5分
	2.2	间隙超极限，更换	更换后配合间隙符合规定	10	更换后出错，扣3～6分

218

行业：电力工程　　　工种：卸储煤设备检修　　　等级：中

编　号	C04B029	行为领域		e	鉴定范围	1
考核时限	30min	题　型		B	题　分	30
试题正文	滚动轴承的装配					
需要说明的问题和要求	1. 要求独立进行操作 2. 现场就地操作演示 3. 要注意安全，文明操作					
工具、材料、设备、场地	在检修间内实际操作					

	序号	项 目 名 称	质 量 要 求	满分	扣　分
评 分 标 准	1	准备工作	充分	5	不够充分，扣1～3分
	1.1	工具材料准备			
	1.2	合适的检修间			
	2	操作			
	2.1	测量配合尺寸	准确	5	不准确，扣1～3分
	2.2	选择合适的装配方法	合理	5	不合理，扣1～3分
	2.3	安装并测量装配后尺寸间隙等	正确、准确	5	安装不正确，或测量不准，扣1～3分
	2.4	调整	方法正确 精度准确	5	不够准确，扣1～3分
	2.5	质量检查	符合装配质量要求	5	不符合的，扣1～5分

行业：电力工程　　　　工种：卸储煤设备检修　　　　等级：中

编　　号	C04B030	行为领域	e	鉴定范围	3
考核时限	120min	题　型	B	题　分	30
试题正文	齿轮减速器轴承发热处理				
需要说明的问题和要求	1. 要求独立进行操作（解体时可有人配合） 2. 现场就地操作演示 3. 要注意安全，文明操作				
工具、材料、设备、场地	现场实际操作				

	序号	项目名称	质量要求	满分	扣分
评分标准	1	现象			
	1.1	轴承部位发热			
	1.2	或同时有异音			
	2	处理			
	2.1	处理前准备工作	应充分达到可操作程序	5	准备不充分，扣1～3分
	2.2	故障处理、检查轴承、更换或调整等	符合检修工艺要求	20	如不符检修工艺要求，扣1～10分
	2.3	质量检查	符合检修质量标准	5	如有不符合质量标准，扣1～3分

220

编　号	C03B031	行为领域	e	鉴定范围	1
考核时限	**120min**	题　型	**B**	题　分	30
试题正文	减速器的组装和加油				
需要说明的问题和要求	1. 要求独立进行操作 2. 现场就地操作演示 3. 要注意安全，文明操作				
工具、材料、设备、场地	检修车间、一台解体后的减速器、机械油、钳工工具				

<table>
<tr><th rowspan="13">评
分
标
准</th><th>序号</th><th>项 目 名 称</th><th>质 量 要 求</th><th>满分</th><th>扣　分</th></tr>
<tr><td>1</td><td>准备工作</td><td>要求充分</td><td>5</td><td>准备不充分，扣1～3分</td></tr>
<tr><td>1.1</td><td>必要的钳工工具</td><td></td><td></td><td></td></tr>
<tr><td>1.2</td><td>专用工具材料</td><td></td><td></td><td></td></tr>
<tr><td>2</td><td>安装</td><td></td><td></td><td></td></tr>
<tr><td>2.1</td><td>安装程序步骤</td><td>符合安装要求</td><td>5</td><td>不符合程序步骤，出现一次错误，扣1分</td></tr>
<tr><td>2.2</td><td>每个步骤的安装质量</td><td>符合工艺要求</td><td>10</td><td>每一步安装质量不符工艺要求，扣1分</td></tr>
<tr><td>2.3</td><td>质量检查</td><td>符合检查质量标准</td><td>10</td><td>不符合检修质量标准，扣1～5分</td></tr>
</table>

编　号	C03B032	行为领域		e	鉴定范围	2
考核时限	120min	题　型		B	题　分	30
试题正文	齿轮减速器有不均匀的声响					
需要说明的问题和要求	1. 要求独立进行操作完成（解体时可有他人配合） 2. 现场或检修间内就地操作演示 3. 要注意安全，文明操作					
工具、材料、设备、场地	在现场或检修车间内实际操作					

	序号	项目名称	质量要求	满分	扣　分
评分标准	1	现象			
	1.1	齿轮减速器内有不均匀的声响			
	1.2	或引起机体振动现象			
	2	处理			
	2.1	处理前准备工作	应充分达到可操作程序	5	准备不充分，扣1～3分
	2.2	故障处理、解体、检查处理	符合检修工艺要求	20	有判断不准，或不符检修工艺现象，扣1～10分
	2.3	质量检查	符合检修质量标准	5	有一处不符，扣1～3分

编　　号	C03B033	行为领域	e	鉴定范围	2
考核时限	120min	题　型	B	题　　分	30
试题正文	皮带机皮带打滑的调整				
需要说明的问题和要求	1. 要求在他人配合下完成 2. 现场就地操作演示 3. 万一遇到设备故障，应立即停止操作，退出现场 4. 要注意安全，文明操作				
工具、材料、设备、场地	现场实际设备				

	序号	项 目 名 称	质 量 要 求	满分	扣　　分
评分标准	1	现象			
	1.1	胶带重载时打滑			
	1.2	胶带空载时打滑			
	2	处理			
	2.1	处理前准备工作	达到可操作程度	5	准确不充分，扣1～3分
	2.2	故障处理	达到空、重载不打滑，运行稳定	20	不符合检修工艺要求，扣1～5分
	2.3	质量检查	达到检修质量标准	5	没达到质量标准，扣1～3分

编　号	C03B034	行为领域		e	鉴定范围	1
考核时限	60min	题　型		B	题　分	30
试题正文	皮带机托辊支架的安装					
需要说明的问题和要求	1. 要求独立完成操作 2. 现场就地操作演示 3. 要注意安全，文明操作					
工具、材料、设备、场地	1. 现场实际设备 2. 支架、扳手、螺丝、调整垫、钢尺等					

	序号	项目名称	质量要求	满分	扣　分
评 分 标 准	1	准备工作			
	1.1	工具材料准备			
	1.2	合适的设备或检修间			
	2	安装			
	2.1	检查支架	无缺陷、无变形、裂纹、脱焊等现象	5	有缺陷没解决，扣1～3分
	2.2	安装支架托辊保证水平度	不水平度不超过±2mm/m	5	没达要求，扣1～3分
	2.3	保证垂直度	不垂直度允许误差不超过±1mm/300mm	5	没达要求，扣1～3分
	2.4	保证中心线与输送机中心线重合度	不重合度允许误差为±3mm	5	没达要求，扣1～3分
	2.5	和其他托辊高低误差达标	高低允许误差为±3mm	5	没达要求，扣1～3分
	2.6	质量检查	符合质量标准	5	没完全达标，扣1～3分

编　　号	C03B035	行为领域		e	鉴定范围	2
考核时限	120min	题　　型		B	题　　分	30
试题正文	污水泵叶轮磨损造成振动					
需要说明的问题和要求	1. 要求独立完成操作 2. 现场就地操作演示 3. 注意安全，文明操作					
工具、材料、设备、场地	现场实际设备，也可在检修间内操作					
评分标准	序号	项目名称	质量要求	满分	扣分	
	1	原因分析				
	1.1	污水泵振动大				
	1.2	叶轮磨损，局部损坏				
	2	处理				
	2.1	准备工作	准备到位	5	准备不到位，扣1～5分	
	2.2	泵壳解体	合格	5	判断修理有误，扣1～5分	
	2.3	更换叶轮	合格	10	判断不准、方法有误，扣1～10分	
	2.4	泵壳组装	合格	5	方法、紧力有误，扣1～5分	
	2.5	质量检查	符合质量要求	5	有缺陷，扣1～5分	

行业：电力工程　　　　工种：卸储煤设备检修　　　　等级：技师

编　　号	C02B036	行为领域		e	鉴定范围		1
考核时限	120min	题　型		B	题　　分		30
试题正文	齿轮减速器内有撞击声						
需要说明的问题和要求	1. 要求独立完成操作（解体时可有他人配合） 2. 现场或检修车间内就地操作演示 3. 要注意安全，文明操作						
工具、材料、设备、场地	在现场或检修间内实际操作						
评分标准	序号	项目名称	质量要求	满分	扣　分		
	1	现象					
	1.1	减速器内有撞击声					
	1.2	或引起减速器振动现象					
	2	处理					
	2.1	处理前准备工作	应准备充分，并达到可操作条件	5	如准备不充分，扣1~3分		
	2.2	故障处理、解体、检查处理	符合检修工艺要求	20	如有不符合检修工艺处，扣1~10分		
	2.3	质量检查	符合检修质量标准	5	如有一处不符质量要求，扣1~2分		

行业：电力工程　　　工种：卸储煤设备检修　　　等级：高级技师

编　号	C01B037	行为领域		e	鉴定范围	1
考核时限	60min	题　型		B	题　分	30
试题正文	迁车台定位不准处理					
需要说明的问题和要求	1. 要求独立完成操作 2. 现场或检修车间内就地操作演示 3. 要注意安全，文明操作					
工具、材料、设备、场地	在现场或检修间内实际操作					

	序号	项目名称	质量要求	满分	扣　分
评分标准	1	现象			
	1.1	迁车台轨道不对位			
	1.2	限位开关正常			
	2	处理			
	2.1	处理前准备工作	应准备充分，并达到可操作条件	5	如准备不充分，扣1～3分
	2.2	行走抱闸检查调整	符合检修工艺要求	10	如有不符合检修工艺处，扣1～10分
	2.3	对位销销孔检查调整	符合检修工艺要求	5	如有不符合检修工艺处，扣1～5分
	2.4	缓冲器检查	符合检修工艺要求	5	如有不符合检修工艺处，扣1～5分
	2.5	质量检查	符合检修质量标准	5	如有一处不符质量要求，扣1～2分

227

4.2.3 综合操作

行业：电力工程　　　工种：卸储煤设备检修　　　等级：中

编　　号	C04C038	行为领域	e	鉴定范围	3
考核时限	120min	题　型	C	题　分	30
试题正文	胶带跑偏的调整				
需要说明的问题和要求	1. 要求在他人配合下完成 2. 现场就地操作演示 3. 如遇设备故障，应立即停止考核，退出现场 4. 要注意安全，文明操作				
工具、材料、设备、场地	现场实际设备				
评分标准	序号	项目名称	质量要求	满分	扣　分
	1	现象			
	1.1	胶带重载时，跑偏、空载时正常			
	1.2	胶带空载时跑偏			
	2	处理			
	2.1	处理前准备工作	达到可操作程度	5	准备不充分，扣1～3分
	2.2	故障处理	符合检修工艺，消除胶带跑偏	20	没达到检修工艺要求，扣1～5分
	2.3	质量检查	达到检修质量标准	5	没达到质量标准，扣1～3分

行业：电力工程　　　工种：卸储煤设备检修　　　等级：中

编　号	C04C039	行为领域	e	鉴定范围	3
考核时限	240min	题　型	C	题　分	30
试题正文	斗轮机回转油泵出口无压力或压力低				
需要说明的问题和要求	1. 要求独立完成判断、操作 2. 现场就地操作演示 3. 注意安全，文明操作				
工具、材料、设备、场地	现场实际设备				

	序号	项 目 名 称	质 量 要 求	满分	扣　分
评分标准	1	现象			
	1.1	无压力显示			
	1.2	压力低或不稳定			
	1.3	油温不稳定			
	2	处理			
	2.1	电动机与减速器的联轴器柱销全部损坏时的更换	连接可靠	10	换后不可靠，扣5～10分
	2.2	检修更换油泵，或提高补充油压力	油泵稳定，补油压力保证	10	油泵修后不稳，或补充油压力没提高，扣1～5分
	2.3	控制油温	油温稳定	10	油温不稳，扣1～5分

行业：电力工程　　　工种：卸储煤设备检修　　　等级：中

编　　号	C04C040	行为领域		f	鉴定范围		3
考核时限	30min	题　型		C	题　分		30
试题正文	发现有人触电的现场急救处理						
需要说明的问题和要求	1. 要求独立进行操作 2. 现场就地演示，设两人监护 3. 注意安全，文明演示						
工具、材料、设备、场地	1. 要求独立进行操作 2. 现场就地演示，设两人监护 3. 注意安全，文明演示						

	序号	项目名称	质量要求	满分	扣　分
评分标准	1	首先使触电者迅速脱离电源	动作迅速	5	动作迟缓，扣1～5分
	2	在脱离电源中救护人员既要救人，也要注意保护自己	措施得当	5	盲目救人，而不保护自己，扣5分
	3	根据触电者触及电压等级采取相应措施使触者脱离电源。如在高处触电，应做好脱离电源后的防坠落措施	方法正确	5	采取的方法不正确，扣5分
	4	触电人脱离电源后，应立即就地坚持正确抢救，并设法联系医疗部门接替救治	抢救正确及时	5	不坚持就地抢救，扣5分
	5	触电伤员呼吸和心跳均停止时，应立即按心肺复苏法支持生命的三项基本措施，正确进行就地抢救	方法得当，手法正确	5	不正确，扣5分
	6	救护触电伤员切断电源时，有时会同时使照明失去，因此应考虑事故照明、应急灯等临时照明	有措施	5	无措施，扣5分

230

编　　号	C03C041	行为领域	e	鉴定范围	1
考核时限	240min	题　　型	C	题　　分	40
试题正文	传动机构的装配				
需要说明的问题和要求	1. 要求独立进行操作 2. 现场就地操作演示 3. 要注意安全，文明操作				
工具、材料、设备、场地	1. 在现场也可在检修间内操作完成 2. 电机、减速器、传动滚筒，包括两个联轴器和机架螺栓、垫片、千分表、塞尺、扳手等工具				

	序号	项目名称	质量要求	满分	扣　分
评 分 标 准	1	准备工作	准备充分	10	不够充分，扣2～5分
	1.1	一套传动机构，如电机—减速器—传动滚筒			
	1.2	传动机构的机架			
	1.3	各种螺栓、垫片、工具等			
	1.4	合适的检修间			
	2	安装			
	2.1	对传动机构进行检查	认真	5	不够认真，扣1～3分
	2.2	装配	方法正确	10	方法有误，扣1～5分
	2.3	找正	方法正确、精确、准确	10	方法有误、精度差，扣2～6分
	2.4	质量检查	符合安装标准要求	5	不完全符合标准，扣1～3分

行业：电力工程　　　　工种：卸储煤设备检修　　　　等级：高

编　　号	C03C042	行为领域	e	鉴定范围	2
考核时限	240min	题　　型	C	题　　分	30
试题正文	齿轮油泵内油液渗漏				
需要说明的问题和要求	1. 要求独立进行操作 2. 现场就地操作演示 3. 要注意安全，文明操作				
工具、材料、设备、场地	现场实际操作				

	序号	项目名称	质量要求	满分	扣　分
评 分 标 准	1	现象			
	1.1	油泵内油液从接合面即静点渗漏			
	1.2	油泵内油液从动点漏泄			
	2	处理			
	2.1	处理前准备工作	达到可操作程度	5	准备不充分，扣1～3分
	2.2	故障处理	符合检修工艺要求	20	不符合检修工艺要求，扣1～5分
	2.3	质量检查	达到检修质量标准	5	达不到质量标准，扣1～3分

行业：电力工程　　　工种：卸储煤设备检修　　　等级：高

编　号	C03C043	行为领域	e	鉴定范围	2
考核时限	240min	题　型	C	题　分	30
试题正文	齿轮油泵运转声响不正常				
需要说明的问题和要求	1. 要求独立进行操作 2. 现场就地操作演示 3. 要注意安全，文明操作				
工具、材料、设备、场地	现场实际操作				

评分标准	序号	项目名称	质量要求	满分	扣　分
	1	现象			
	1.1	齿轮油泵声响不正常			
	1.2	振动或发热			
	2	处理			
	2.1	处理前准备工作	达到可操作程度	5	准备不充分，扣1～3分
	2.2	故障处理	符合检修工艺要求	20	不符合检修工艺要求，扣2～5分
	2.3	质量检查	达到质量标准	5	没达到质量标准，扣1～3分

233

行业：电力工程　　　　工种：卸储煤设备检修　　　　等级：高

编　号	C03C044	行为领域		e	鉴定范围	2
考核时限	120min	题　型		C	题　分	30
试题正文	翻车机制动器打不开					
需要说明的问题和要求	1. 在他人配合下完成操作 2. 现场就地操作演示 3. 注意安全，文明操作					
工具、材料、设备、场地	现场实际操作					

	序号	项目名称	质量要求	满分	扣　分
评 分 标 准	1	现象			
	1.1	转子动作迟缓			
	1.2	制动瓦冒烟			
	2	处理			
	2.1	检查液压推杆是否不起升，如是，检修推杆或检查其控制部分	保证推杆使用正常	10	如有缺陷，扣1～5分
	2.2	检查调整制动闸瓦间隙及位置	符合规定要求	10	间隙调整超限，扣1～5分
	2.3	检查液压推杆是否缺油，如是，补油	保证正确油量	10	如缺油，扣1～5分

234

行业：电力工程　　　　工种：卸储煤设备检修　　　　等级：高

编　　号	C03C045	行为领域	e	鉴定范围	2
考核时限	240min	题　　型	C	题　　分	30
试题正文	斗轮堆取料机液压马达转速低、转矩小				
需要说明的问题和要求	1. 要求独立进行操作 2. 现场就地操作演示 3. 注意安全，文明操作				
工具、材料、设备、场地	现场实际操作				

	序号	项目名称	质量要求	满分	扣　分
评分标准	1	现象			
	1.1	转速低，转矩小			
	1.2	故障分析			
	2	处理			
	2.1	处理前准备工作	达到可操作程序	5	
	2.2	故障处理	符合检修工艺要求	20	不符合检修工艺要求，扣2～5分
	2.3	质量检查	达到质量标准	5	达不到质量标准，扣1～5分

编　号	C03C046	行为领域		e	鉴定范围	2
考核时限	240min	题　型		C	题　分	50
试题正文	斗轮堆取料机变幅升降不动作					
需要说明的问题和要求	1. 要求在他人配合下完成 2. 现场就地操作演示 3. 注意安全，文明操作					
工具、材料、设备、场地	现场实际设备					

评分标准	序号	项目名称	质量要求	满分	扣　分
	1	原因分析			
	1.1	变幅泵压力不够			
	1.2	电磁阀未动作			
	1.3	电液阀阀心卡住			
	1.4	溢流阀失灵			
	2	处理			
	2.1	调整变幅泵压力	达到规定值	10	调整有偏差，扣1～5分
	2.2	检查控制回路	认真仔细	10	不够认真，扣1～5分
	2.3	清洗检修阀心	清洗干净	10	清洗不细致，扣2～10分
	2.4	检修或更换溢流阀	灵活可靠	10	没达检修工艺要求，扣2～10分
	2.5	质量检查	符合规程要求	10	有缺陷，扣1～10分

编　　号	C03C047	行为领域	f	鉴定范围	2
考核时限	10min	题　　型	C	题　　分	30
试题正文	扑救电气设备着火				
需要说明的问题和要求	1. 现场模拟演示 2. 要求独立操作 3. 做好监护，注意安全，文明演示				
工具、材料、设备、场地	干式灭火器、CO_2 灭火器、1211 灭火器、干砂				

	序号	项目名称	质量要求	满分	扣　分
评 分 标 准	1	遇电气设备着火，应立即切断相关设备电源	能就地停电的立即就地停电，不能停电的应迅速通知有关人员停电	10	操作不准确，扣 1～2 分
	2	对着火的电气设备，使用合适的灭火器进行灭火	通常设备使用干式灭火器、CO_2 或 1211 灭火器灭火，油开关变压器用干式灭火器或 1211 灭火器灭火，不能扑灭时使用泡沫式灭火器灭火，不得已时使用干砂灭火	10	使用不当，或缺项，扣 1～4 分
	3	扑灭电缆等可能释放有毒气体的火灾时，要使用防护面罩等防护用品	使用正压式消防空气呼吸器	10	不使用，不得分；使用不当，扣 1～2 分

行业：电力工程　　　工种：卸储煤设备检修　　　等级：技师

编　　号	C02C048	行为领域		e	鉴定范围	1
考核时限	120min	题　　型		C	题　　分	30
试题正文	重车铁牛卷扬噪声大					
需要说明的问题和要求	1. 要求在他人配合下完成 2. 现场实际设备操作演示 3. 注意安全，文明操作					
工具、材料、设备、场地	现场实际设备					

<table>
<tr><th rowspan="2">评

分

标

准</th><th>序号</th><th>项 目 名 称</th><th>质 量 要 求</th><th>满分</th><th>扣　　分</th></tr>
<tr><td>1</td><td>原因分析</td><td></td><td></td><td></td></tr>
<tr><td>1.1</td><td>联轴器不同心，地角螺栓松动</td><td></td><td></td><td></td></tr>
<tr><td>1.2</td><td>被牵引（或推送）的车辆未排风松闸</td><td></td><td></td><td></td></tr>
<tr><td>1.3</td><td>卷筒轴闸瓦磨损严重</td><td></td><td></td><td></td></tr>
<tr><td>2</td><td>处理</td><td></td><td></td><td></td></tr>
<tr><td>2.1</td><td>处理前准备工作</td><td>准备充分</td><td>5</td><td>准备不够充分，扣1～3分</td></tr>
<tr><td>2.2</td><td>联轴器找正，紧固地角螺栓</td><td>符合安装要求</td><td>8</td><td>没达标，扣2～6分</td></tr>
<tr><td>2.3</td><td>检查被牵引车辆，对未排风松闸的车辆进行排风松闸</td><td>认真到位</td><td>4</td><td>没到位，扣1～2分</td></tr>
<tr><td>2.4</td><td>检修卷筒轴闸瓦或更换</td><td>符合检修工艺</td><td>8</td><td>没达工艺要求，扣2～6分</td></tr>
<tr><td>2.5</td><td>质量检查</td><td>符合质量标准</td><td>5</td><td>没完全达标，扣1～3分</td></tr>
</table>

行业：电力工程　　　　工种：卸储煤设备检修　　　　等级：技师

编　　　号	C02C049	行为领域	e		鉴定范围	1
考核时限	120min	题　　型	C		题　　分	50
试题正文	斗轮机油泵抽空					
需要说明的问题和要求	1. 要求由值班员配合完成 2. 现场实际设备操作演示 3. 注意安全，文明操作					
工具、材料、设备、场地	现场实际设备					

<table>
<tr><td rowspan="20">评
分
标
准</td><td>序号</td><td>项目名称</td><td>质量要求</td><td>满分</td><td>扣　分</td></tr>
<tr><td>1</td><td>原因分析</td><td></td><td></td><td></td></tr>
<tr><td>1.1</td><td>补油泵压力低</td><td></td><td></td><td></td></tr>
<tr><td>1.2</td><td>油箱不透气</td><td></td><td></td><td></td></tr>
<tr><td>1.3</td><td>油黏度太大</td><td></td><td></td><td></td></tr>
<tr><td>1.4</td><td>滤油器堵塞</td><td></td><td></td><td></td></tr>
<tr><td>1.5</td><td>冬季油量过低</td><td></td><td></td><td></td></tr>
<tr><td>1.6</td><td>油箱油位过低</td><td></td><td></td><td></td></tr>
<tr><td>1.7</td><td>油泵入口阀门未打开或堵住</td><td></td><td></td><td></td></tr>
<tr><td>2</td><td>处理</td><td></td><td></td><td></td></tr>
<tr><td>2.1</td><td>提交补油泵压力</td><td>足够</td><td>10</td><td>没达要求，扣2～10分</td></tr>
<tr><td>2.2</td><td>清洗空气阀</td><td>干净</td><td>10</td><td>清洗不净，扣1～5分</td></tr>
<tr><td>2.3</td><td>更换黏度小的油</td><td>黏度合适</td><td>10</td><td>选择不当，扣2～10分</td></tr>
<tr><td>2.4</td><td>清洗滤油器</td><td>干净</td><td>10</td><td>清洗不净，扣1～5分</td></tr>
<tr><td>2.5</td><td>多次启动泵</td><td>3次以上</td><td>3</td><td>次数没达到要求，扣1～3分</td></tr>
<tr><td>2.6</td><td>油箱加足油</td><td>足够</td><td>4</td><td>'不够，扣1～2分</td></tr>
<tr><td>2.7</td><td>检查入口阀门</td><td>认真</td><td>3</td><td>不够认真，扣1～2分</td></tr>
</table>

行业：电力工程　　　工种：卸储煤设备检修　　　等级：技师

编　号	C02C050	行为领域		e	鉴定范围	1
考核时限	240min	题　型		C	题　分	30
试题正文	推煤机操纵杆有障碍					
需要说明的问题和要求	1. 要求独立完成操作 2. 现场就地操作演示 3. 注意安全，文明操作					
工具、材料、设备、场地	现场实际设备					

	序号	项目名称	质量要求	满分	扣　分
评 分 标 准	1	原因分析			
	1.1	操纵杆整劲			
	1.2	操纵杆各销轴处缺油			
	1.3	助力阀缺油或泄漏			
	1.4	液压系统安全阀失灵			
	2	处理			
	2.1	调整操纵杆	调整灵活	5	不灵活，扣1～3分
	2.2	加注油脂	合理注油	5	过多或过少，扣1～3分
	2.3	加油或修复助力阀	合理注油，消除泄漏	5	补油不准，或泄漏没消除，扣1～3分
	2.4	修复安全阀	安全可靠	5	有缺陷，扣1～3分
	2.5	判断分析	准确	5	不够准确，扣1～3分
	2.6	质量检查	符合质量标准	5	有缺陷，扣1～3分

240

编　号	C02C051	行为领域		e	鉴定范围	2
考核时限	120min	题　型		C	题　分	50
试题正文	输煤胶带冷粘					
需要说明的问题和要求	1. 要求在他人配合下完成 2. 现场就地操作演示 3. 如遇设备工具发生故障，应立即停止考核 4. 要注意安全，文明操作					
工具、材料、设备、场地	在检修车间完成操作，可根据实际情况准备两条适当的胶带					
评分标准	序号	项目名称	质量要求	满分	扣　分	
	1	现象				
	1.1	两条胶带				
	1.2	专用工具				
	1.3	材料等				
	2	操作				
	2.1	按规程程序操作	符合规程程序步骤并达要求	30	不符合规程程序，扣5～20分	
	2.2	胶带冷粘	达工艺要求	10	没达工艺要求，扣1～10分	
	2.3	质量检查	达到标准	10	没达到质量标准，扣1～10分	

行业：电力工程　　　工种：卸储煤设备检修　　等级：高级技师

编　　号	C01C052	行为领域	e	鉴定范围	2
考核时限	120min	题　　型	C	题　　分	50
试题正文	大车啃道车轮位置调整				
需要说明的问题和要求	1. 要求在他人配合下完成 2. 现场就地操作演示 3. 如遇设备工具发生故障，应立即停止考核 4. 要注意安全，文明操作				
工具、材料、设备、场地	在检修车间完成操作，可根据实际情况准备两条适当的胶带				

	序号	项目名称	质量要求	满分	扣　分
评分标准	1	现象			
	1.1	车轮位置偏差			
	1.2	专用工具			
	1.3	材料等			
	2	操作			
	2.1	测量，确定车轮移动方向、尺寸	测量数值准确，计算移动方向尺寸正确	20	测量不准确，扣5~10分，判断错误不得分
	2.2	车轮拆除	达工艺要求	10	没达工艺要求，扣1~10分
	2.3	车轮安装、调整	达工艺要求	10	没达工艺要求，扣1~10分
	2.4	质量检查	达到标准	10	没达到质量标准，扣1~10分

242

试卷样例

中级卸储煤设备检修工知识要求试卷

一、选择题（每题 1 分，共 20 分）

下列每题都有 4 个答案，其中只有一个正确答案，将正确答案的代号填入括号内。

1. 倒角 2×45° 表示（　　）。

（A）倒 45° 角；（B）倒 45° 角，直角边为 2mm；（C）某一边为 2mm 的任意角；（D）倒斜边为 2mm 的角。

2. 若图纸注有 160 的数字表示长度，则公差尺寸为（　　）。

（A）160±0.50；（B）160±0.30；（C）160±0.05；（D）160。

3. 当外力除去后，将使材料内部产生的残余应力叫做（　　）。

（A）内应力；（B）回复力；（C）预紧力；（D）剪应力。

4. M24×2–1.5 螺栓的螺距为（　　）。

（A）24；（B）2；（C）1.5；（D）3。

5. 渐开线齿轮正确的啮合条件是（　　）。

（A）模数相等；（B）压力角相等；（C）节圆半径相等；（D）模数和压力角相等。

6. 摆线针轮行星传动特点是（　　）。

（A）体积小、速比大；（B）体积小、速比小；（C）体积大、速比小；（D）体积大、速比大。

7. 将钢加热到临界点以上（A_{C3} 为 30～50℃）保温一定时间，然后随炉缓慢冷却至室温的过程叫（　　）。

（A）退火热处理；（B）淬火热处理；（C）正火热处理；

（D）回火热处理。

8. 摩擦在机械设备的运行中有（　　　）等不良作用。

（A）消耗大量的功，造成磨损，产生振动；（B）消耗大量的功，造成磨损，产生热量；（C）消耗大量机械能，造成损坏，产生振动；（D）消耗大量的机械能，造成损坏，产生热量。

9. 常用滚动轴承润滑脂的加注量为（　　　）。

（A）$n > 1500$r/min 为轴承空腔空间的 $\frac{1}{5} \sim \frac{1}{4}$，$n < 1500$r/min 为 $\frac{1}{3}$；（B）$n > 1500$r/min 为轴承空腔空间的 $\frac{1}{4} \sim \frac{1}{3}$，$n < 1500$r/min 为 $\frac{1}{2}$；（C）$n > 1500$r/min 为轴承空腔空间的 $\frac{1}{3} \sim \frac{1}{2}$，$n < 1500$r/min 为 $\frac{2}{3}$；（D）$n > 1500$r/min 为轴承空腔空间的 $\frac{1}{2} \sim \frac{2}{3}$，$n < 1500$r/min 可注满。

10. 减速器运行时，齿轮啮合应平稳、无杂音，振幅值应不超过（　　　）mm。

（A）0.1；（B）0.15；（C）0.20；（D）0.25。

11. 在液压系统中，液压油泵的作用是将（　　　）。

（A）机械能转化压力能；（B）机械能转化为动能；（C）动能转化为势能；（D）动能转化为动能。

12. 增压型柴油机缸垫的材质为（　　　）。

（A）钢架树脂；（B）组合钢片；（C）铜片；（D）铝片。

13. 车辆进入遇车台与定位器的接触速度必须小于（　　　）m/s。

（A）0.5；（B）0.65；（C）0.75；（D）1.2。

14. 摩擦片式制动器的工作次数超过（　　　）次时，应更换弹簧。

（A）10^3；（B）10^4；（C）10^5；（D）10^6。

15. 溢流阀在斗轮、回转系统中起（　　　）作用。

（A）限压保护作用；（B）保护；（C）过载；（D）流量控制。

16. 推煤机三道活塞环装入气缸套内，开口依次错开（   ），以免漏气、窜油。

（A）45°；（B）60°；（C）90°；（D）120°。

17. 悬吊式脚手架和吊篮所用钢丝绳的直径应根据计算决定，吊物的安全系数不小于6，吊人的安全系数不小于（   ）。

（A）6；（B）10；（C）14；（D）16。

18. 在风力超过（   ）级时，禁止露天进行焊接或气割操作。

（A）8；（B）6；（C）4；（D）3。

19. 电气工具和用具应由专人保管，每（   ）须由电气试验单位定期检查。

（A）3个月；（B）6个月；（C）9个月；（D）1年。

20. 电气工具和用具的电线不准接触（   ），不要放在湿地上，并避免载重车辆和重物压在电线上。

（A）金属物；（B）非金属物；（C）热体；（D）冷体。

二、**判断题**（是画√，非画×，每题2分，共30分）

1. 基本尺寸相同，相互结合的孔和轴公差带之间的关系称为配合。　　　　　　　　　　　　　　　　　（   ）

2. 金属在冷塑性变形过程中发生硬度、强度提高的现象称为加工硬化。　　　　　　　　　　　　　　　　（   ）

3. 用钻床钻深孔时，为保证钻孔的精度必须一次性钻完。
　　　　　　　　　　　　　　　　　　　　　　（   ）

4. 滑块式联轴器对转速的具体要求为：轴的转速一般不超过300r/min。　　　　　　　　　　　　　　　　（   ）

5. 转子式翻车机的定位装置安装在平台进车端。（   ）

6. 开式齿轮传动装置具有结构简单，检修方便，布置紧凑等特点，因此被广泛应用于卸储煤设备及系统中。（   ）

7. 轴瓦与轴的顶部间隙为轴径的 0.001～0.005 倍。（   ）

8. 齿轮油泵齿顶和箱体孔之间的间隙在 0.25~0.30。 （　　）

9. 重车定位机的导向轮，可通过定位机推车时产生的转矩，以及该转矩对导向轨道的反作用，来保证定位机在行走轨道上的正常行驶。 （　　）

10. 使用中的氧气瓶和乙炔瓶的距离不应小于 5m。

（　　）

11. 大锤和小锤的锤头必须完整，表面光滑、微凸，不得有偏斜、缺口、凹入及裂纹等情形。 （　　）

12. 带式输送机的机架倾角一般不超过 18°。 （　　）

13. 齿轮传动中，$z_1/z_2 = n_1/n_2$。 （　　）

14. 当非金属材料制成的柱销损坏后，弹性柱销联轴器可用相同直径的金属棒销式螺栓代替。 （　　）

15. 工作人员接到领导的指令时，都应无条件地执行。

（　　）

三、简答题（每题 5 分，共 15 分）

1. 简述蜗轮减速器的检修项目。

2. 大型卸储煤设备采用的制动器的作用是什么？制动器的调整应注意什么？

3. 发动机机油滤清器的拆装应注意哪些事项？

四、计算题（每题 5 分，共 15 分）

1. 已知一带式输送机的电机转速 n 为 1470r/min，减速机速比 i 为 40，传动滚筒直径 D 为 1000mm，求此带式输送机的带速 v。

2. 三级减速器 $i_1=2$，$i_2=6$，$i_3=8$，求总速比 i_4。

3. 如图 1 所示，从墙壁上 A 点水平安装一匀质横杆，B 点挂 $m=2$kg 重物，已知杆 $AB=1$m，杆的质量为 4kg，求 A

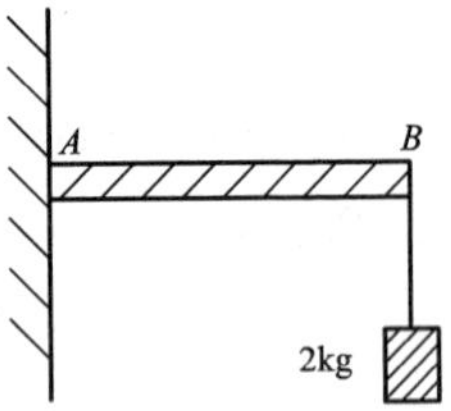

图 1

246

点所受的力矩。

五、画图题（每题 5 分，共 20 分）

1. 补画视图（见图 2）。

2. 补画视图（见图 3）及截交线。

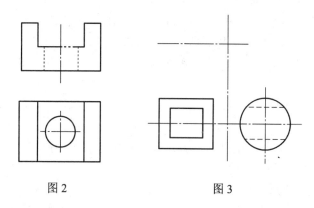

图 2　　　　　　　　　　　图 3

3. 改正螺纹画法（见图 4）中的错误。

4. 画出轴 A-A 的剖面图（见图 5）。

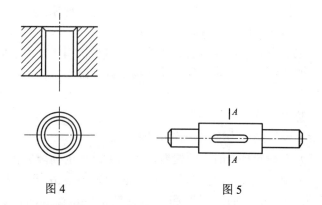

图 4　　　　　　　　　　　图 5

中级卸储煤设备检修工技能要求试卷

一、锉刀的握法和锉削姿势及锉削力的运用。

二、螺旋卸煤机制动器打不开。

三、斗轮堆取料机变幅升降不动作。

中级卸储煤设备检修工知识要求试卷答案

一、选择题

1.（B）；2.（A）；3.（A）；4.（B）；5.（D）；6.（A）；
7.（A）；8.（B）；9.（C）；10.（A）；11.（A）；12.（B）；
13.（B）；14.（C）；15.（A）；16.（D）；17.（C）；18.（B）；
19.（B）；20.（C）。

二、判断题

1.（√）；2.（√）；3.（×）；4.（√）；5.（×）；6.（√）；
7.（√）；8.（×）；9.（√）；10.（×）；11.（√）；12.（√）；
13.（×）；14.（×）；15.（×）。

三、简答题

1. 答：（1）检查蜗轮、蜗杆的磨损情况，并修理或更换。

（2）检查轴承的磨损及损坏情况。

（3）检查各接合面及轴盖、轴端等处的密封是否良好。

（4）检查机壳是否完好，有无裂纹等异常现象。

（5）检查油位计是否齐全、完好。

2. 答：作用：确保设备行走安全，减少机构运行由于惯性而发生的位移，防止各部件间的碰撞，以及确保机构运行的运行位置。

调整时应注意：

（1）弹簧的压力应小于推杆的推力。

（2）制动器打开时，两侧制动瓦与制动轮的间隙应相等。

（3）制动轮中心与闸瓦中心不应超过 3mm；制动松开时，闸瓦与制动轮的倾斜度和不平行度不应超过制动轮宽度的 0.1%。

（4）制动器打开后，各部不应有卡阻现象。

3. 答：注意将 O 形密封圈及各垫片放正，以免产生漏油现象。机油滤清器的转子部件是经过动平衡校正的，装配时一定要对正记号，使转子盖上的箭头对准壳体上的箭头。

四、计算题

1. 解：$v=\dfrac{\pi Dn}{60i}=\dfrac{3.14\times1\times1470}{60\times40}=1.92$（m/s）

答：带速为 1.92m/s。

2. 解：$i_4=i_1i_2i_3=2\times6\times8=96$

答：总速比为 96。

3. 解：A 点力矩 $M_A=M_g\times\dfrac{1}{2}AB+mg\times AB=4\times9.8\times0.5+2\times9.8\times1=39.2$（N·m）

答：A 点所受力矩为 39.2N·m。

五、画图题

1. 答：补画视图如图 6 所示。

2. 答：补画视图及截交线如图 7 所示。

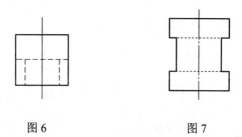

图 6　　　　　　图 7

3. 答：螺纹画法中的错误改正如图 8 所示。

4. 答：轴 $A\text{-}A$ 的剖面图如图 9 所示。

图 8　　　　　　图 9

中级卸储煤设备检修工技能要求试题答案

一、锉刀的握法和锉削姿势及锉削力的运用。

编　号	C05A003	行为领域	d	鉴定范围	3
考核时限	60min	题　型	A	题　分	20
试题正文	锉刀的握法和锉削姿势及锉削力的运用				
需要说明的问题和要求	1. 要求独立进行操作 2. 现场就地操作演示 3. 要注意安全，文明操作				
工具、材料、设备、场地	在检修间内实际操作				

	序号	项目名称	质量要求	满分	扣　分
评分标准	1	准备工作	充分	5	准备不充分，扣1～3分
	1.1	台虎钳、锉刀、夹具、材料等			
	1.2	合适的检修间			
	2	操作			
	2.1	锉刀握法 1. 较大锉刀的握法 2. 中型锉刀的握法 3. 较小型锉刀的握法	按钳工工艺要求操作正确	5	不够准确，扣1～5分
	2.2	锉削姿势 1. 站立位置 2. 姿势，往复过程	正确	5	不够准确，扣1～5分
	2.3	锉削力的运用，全过程力的变化及注意事项	掌握	5	没完全掌握，扣1～5分

250

二、螺旋卸煤机制动器打不开处理。

编　　号	C04B029	行为领域	e	鉴定范围	3
考核时限	120min	题　　型	B	题　　分	30
试题正文	螺旋卸煤机制动器打不开				
需要说明的问题和要求	1. 要求独立完成操作 2. 现场就地操作演示 3. 注意安全，文明操作				
工具、材料、设备、场地	现场实际设备				

	序号	项目名称	质量要求	满分	扣　分
评分标准	1	现象			
	1.1	升降迟缓			
	1.2	停车及行车迟缓			
	1.3	电动机发热			
	1.4	制动轮工作温度超过200℃			
	2	处理			
	2.1	调整制动轮和制动带的间隙	达到标准间隙（0.8～1mm）	6	间隙不均，扣1～3分
	2.2	清理制动轮和制动带上的污垢（用煤油清洗）	清洗干净	6	清洗不净，扣1～3分
	2.3	加强润滑活动，制动关节卡涩	制动关节灵活	6	有一定卡涩现象，扣1～3分
	2.4	调整弹簧张力	张力合适	6	不适，扣1～3分
	2.5	质量检查	制动灵活可靠	6	如不太可靠，扣2～5分

三、斗轮堆取料机变幅升降不动作的处理。

编　号	C03C046	行为领域	e	鉴定范围	2
考核时限	240min	题　型	C	题　分	50
试题正文	斗轮堆取料机变幅升降不动作				
需要说明的问题和要求	1. 要求在他人配合下完成 2. 现场就地操作演示 3. 注意安全，文明操作				
工具、材料、设备、场地	现场实际设备				

	序号	项目名称	质量要求	满分	扣　分
评 分 标 准	1	原因分析			
	1.1	变幅泵压力不够			
	1.2	电磁阀未动作			
	1.3	电液阀阀心卡住			
	1.4	溢流阀失灵			
	2	处理			
	2.1	调整变幅泵压力	到规定值	10	调整有偏差，扣1～5分
	2.2	检查控制回路	认真仔细	10	不够认真，扣1～5分
	2.3	清洗检修阀心	清洗干净	10	清洗不细致，扣2～10分
	2.4	检修或更换溢流阀	灵活可靠	10	没达检修工艺要求，扣2～10分
	2.5	质量检查	符合规程要求	10	有缺陷，扣1～10分

6 ▽ 组卷方案

6.1 理论知识考试组卷方案

技能鉴定理论知识试卷每卷不应少于五种题型，其题量为45~60题（试卷的题型与题量的分配参照表1）。

表1 试卷的题型与题量分配（组卷方案）

题 型	鉴定工种等级		配 分	
	初级、中级	高级工、技师、高级技师	初级、中级	高级工、技师、高级技师
选 择	20题（1~2分/题）	20题（1~2分/题）	20~40	20~40
判 断	20题（1~2分/题）	20题（1~2分/题）	20~40	20~40
简答/计算	5题（6分/题）	5题（5分/题）	30	25
绘图/论述	1题（10分/题）	1题（5分/题）2题（10分/题）	10	15
总 计	45~55	47~60	100	100

6.2 技能操作考核方案

对于技能操作试卷，库内每一个工种的各技术等级下，应最少保证有5套试卷（考核方案），每套试卷应由2~3项典型操作或标准化试卷组成，其选项内容互为补充，不得重复。

技能操作考核由实际操作与口试或技术答辩两项内容组成，初、中级工实际操作加口试进行，技术答辩一般只在高级工、技师高级技师中进行，并根据实际情况确定其组织方式和答辩内容。